Die elektrische Futterkonservierung

Von

Dr.-Ing. Arthur Vietze
Generaldirektor und Geschäftsführer der Landelektrizität-G.m.b.H. zu Halle

Zweite
vermehrte und verbesserte Auflage

Mit 33 Textabbildungen

Berlin
Verlag von Julius Springer
1925

ISBN-13: 978-3-642-90493-6   e-ISBN-13: 978-3-642-92350-0
DOI: 10.1007/978-3-642-92350-0

Alle Rechte, insbesondere das der Übersetzung
in fremde Sprachen, vorbehalten.
Softcover reprint of the hardcover 2nd edition 1925

Vorwort.

Die Tatsache, daß sich für dieses anfangs vorigen Jahres neu erschienene Buch eine Neuauflage erforderlich gemacht hat, beweist das allgemeine Interesse, welches der elektrischen Futterkonservierung entgegengebracht wird.

Bei der großen Fülle von Schriften und Aufsätzen, welche in den letzten Jahren über die Futterkonservierung und die hierfür bestehenden Methoden veröffentlicht worden sind, kann der Verfasser sich in dieser Auflage auf die Anwendung der Elektrizität bei der Konservierung beschränken, um so mehr als der hierauf bezügliche Text sowie die Abbildungen infolge des fortgeschrittenen Stadiums der praktischen Ausnutzung dieses Verfahrens eine wesentliche Bereicherung erfahren haben.

Allen Herren, welche mir bei dem Zustandekommen dieses Neudrucks behilflich gewesen sind, spreche ich hiermit meinen besten Dank aus.

Möge diese Neuauflage eine gleich günstige Aufnahme und Beurteilung finden wie ihre Vorgängerin.

Halle, Mai 1924.

Arthur Vietze.

Nachschrift.

Während der Drucklegung dieser Neuauflage ist es dem Verfasser gelungen, sein elektrisches Futterkochverfahren noch erheblich zu verbessern; nach dem verbesserten Verfahren braucht die Konservierung des Futters in Silos nicht mehr schichtenweise zu erfolgen, sondern es können beliebige Futtermengen gleichzeitig siliert werden. Außerdem wird der Arbeitsvorgang noch vereinfacht und abgekürzt sowie der Stromverbrauch je Zentner Futter herabgesetzt.

Halle, Oktober 1924.

Arthur Vietze.

Inhaltsverzeichnis.

                                            Seite

I. Einleitung 1
II. Untersuchung der biologischen und physikalischen Vorgänge im Futter 3
    A. Die Gärungsvorgänge 4
        1. Der Einfluß der Hauptnahrung auf das Leben der Bakterien. — 2. Der Einfluß des Wassers. — 3. Der Einfluß des Sauerstoffs. — 4 Der Einfluß der Wärme. — 5. Der Einfluß des Lichtes. — 6. Der Einfluß des Druckes. — 7. Der Einfluß der Bewegung. — 8. Der Einfluß der Elektrizität.
    B. Selbsterwärmung der Pflanzen 16
        1. Die Atmung der Pflanzen. — 2. Die Lebenstätigkeit der Bakterien.
    C. Graphische Darstellung der Erwärmungsvorgänge 19
    D. Ergebnisse 23
III. Die elektrische Futterkonservierung 24
    A. Verfahren nach dem System Schweizer 24
    B. Die elektrische Leitfähigkeit des Futters 28
    C. Verfahren mit elektrischen Futterkochern 32
        1. Versuche mit Metall- und Ringdornen. — 2. Ausbildung von Schraubenelektroden. — 3. Verfahren mit elektrischen Futterkochern. — a) Futterkocher mit Futterstromleitung. — b) Futterkocher ohne Futterstromleitung.
    D. Anwendung der Futterkocher ohne Futterstrom 58
    E. Klarstellung der Entwässerungsfrage 61
        1. Versuche mit und ohne Entwässerung in Anlage C. — 2. Versuche mit Entwässerung in Anlage D.
    F. Ergebnisse 64
Anhang: Tabellen 67
Literatur 76

I. Einleitung.

Die Einsäuerung von Grünfutter gilt in der Landwirtschaft nächst der Dürrheuwerbung als die wichtigste von allen Konservierungsarten[1]). v. Wenckstern[2]) bezeichnet als Ziele der Einsäuerung:

1. die in den grünen Pflanzen enthaltenen Nährstoffe und die spezifischen Eigenschaften eines Saftfutters möglichst vollkommen und lange zu erhalten,
2. minderwertiges Futter verdaulicher, schmackhafter und bekömmlicher zu machen,
3. die Einsäuerung möglichst wirtschaftlich zu gestalten.

Die Erfahrungen haben gelehrt, daß die vorgenannten Ziele erreicht werden, wenn es gelingt, den Gärprozeß des Futters bei der Einsäuerung in der Weise zu beeinflussen, daß die Fäulnis unterbunden wird und daß sich die Gesamtbildung von organischen Säuren[3]) in niedrigen Grenzen hält: Buttersäure gar nicht, Essigsäure möglichst wenig, dagegen Milchsäure, die als Desinfiziens für die Haltbarkeit des Futters unentbehrlich ist, in geringen Mengen entwickelt wird[4]). Das so entstehende Einsäuerungserzeugnis wird mit „Süßfutter" bezeichnet. In der landwirtschaftlichen Praxis haben sich bisher hauptsächlich zwei Verfahren herausgebildet, welche den Gärungsprozeß in der vorgenannten Weise zu bestimmen vermögen; das eine besteht in der Einsäuerung in amerikanischen Turmsilos (laue Vergärung), das andere in der Süßpreßfuttergewinnung (warme Vergärung). Die praktische Ausnutzung dieser

---

[1]) Tabelle 1, Anhang.
[2]) v. Wenckstern, H., Ministerialrat, Prof. Dr.: „Die in Sachsen mit Silofutter gemachten Erfahrungen auf Grund einer von der Ökonomischen Gesellschaft in Sachsen veranstalteten Erhebung." Vortrag, gehalten in der Ökonomischen Gesellschaft Sachsen am 10. Februar 1922 in Dresden, S. 38.
[3]) Tabelle 2, Anhang.
[4]) Tabelle 3, Anhang.

Methoden hat aber gezeigt, daß bei beiden eine einwandfreie Konserve nur unter gewissen Vorbedingungen erzielt werden kann. Das nach ihnen einzusäuernde Futtermaterial muß nämlich ausgereift oder abgewelkt und trocken in die Behälter kommen; die Verfahren versagen, wenn der Wassergehalt der Pflanzen mehr als 70—75 % beträgt und wenn die Ernte bei Regenwetter eingebracht ist.

Bei der volkswirtschaftlichen Bedeutung, welche der Einsäuerung von Grünfutter zukommt, muß aber angestrebt werden, diese Konservierungsart unabhängig von Pflanzenbeschaffenheit und Witterung zu ermöglichen, damit sie Allgemeingut der Landwirtschaft werden kann. In letzter Zeit ist von verschiedenen Seiten versucht worden, die Einsäuerung mit tunlicher Vermeidung oder Beschränkung der obengenannten Übelstände zu verbessern. Von den zahlreichen Vorschlägen, welche gemacht worden sind, haben zwei, nämlich der von Professor Dr. Voeltz und ein anderer von Dipl.-Landw. Schweizer, schon heute eine praktische Bedeutung gewonnen und verdienen daher besondere Beachtung. Voeltz führt dem Futter bei der Einsäuerung Reinkulturen von Milchsäurebakterien zu, um die natürliche Milchsäuregärung sicherzustellen, während Schweizer mittels Durchleitung des elektrischen Stromes durch das Futter zu gleichem Ziele zu gelangen versucht.

Da bei der Ausdehnung, welche zur Zeit die Versorgung mit Elektrizität auf dem Lande in Deutschland genommen hat, fast jedem Landwirt elektrischer Strom für seinen Betrieb zur Verfügung steht, so sind wichtige Vorbedingungen zu seiner Anwendung für die Futterkonservierung erfüllt.

Die Landwirtschaft wird aus solchem Verfahren großen Nutzen ziehen können, wenn es gelingen sollte, durch dasselbe die Einsäuerung von grünem Futter ganz unabhängig vom Wetter zu gestalten. An erster Stelle würde die Gewähr stehen, daß der Landwirt sich unter allen Umständen ein gutes Winterfutter aus eigenen Erzeugnissen herstellen kann, sei es, daß er hierzu Sommerfutter verwendet, welches bei ungünstiger Erntewitterung sonst nicht oder nur schlecht eingebracht werden kann, oder daß er hierzu Futterbestände benutzt, welche, wie z. B. Zuckerrübenblätter, bisher zum großen Teil nicht in wünschenswerter Weise verwertet werden können. Die Gewinnung von Dürrheu ist nach wie vor in erster Linie anzustreben; wenn sie aber durch Regenwetter unmöglich gemacht wird, dann hat das technische Verfahren einzugreifen. Es darf erwartet werden, daß große volkswirtschaftliche Gewinne erwachsen, wenn kein Futter mehr verdirbt bzw. unbenutzt auf dem Felde liegen bleibt. Dazu kommt, daß die Futterpflanzen in einem Zustande dem Silo zugeführt werden können, in welchem sie den höchsten Nährwertgehalt besitzen, und daß sich auch die Fruchtfolge so einstellen läßt, daß mehrfache Futterernten im Jahre zu erzielen sind. Alle ferner noch verbleibenden Vorteile für die Landwirtschaft, wie Einfachheit der Konservierung ohne Inanspruchnahme von Qualitätsarbeitern, beste Raumausnutzung für die Winterfutterbestände, bequeme Entnahme derselben sowie die erstrebte Erhöhung der Milchproduktion sind gering zu bemessen gegenüber den großen Gesichtspunkten, welche vorher kenntlich gemacht wurden. Es mag aber noch für die elektrische Futterkonservierung angeführt werden, daß dieser neue Zweig des Stromverbrauchs dazu beitragen kann, die Wirtschaftlichkeit der Überlandzentralen zu erhöhen, was indirekt wieder der Landwirtschaft in Gestalt billiger Strompreise für Licht- und Kraftzwecke zugute kommen würde.

II. Untersuchung der biologischen und physikalischen Vorgänge im Futter.

In diesem Teile sollen die bei der Einsäuerung von Grünfutter auftretenden biologischen und physikalischen Vorgänge in ihrer Abhängigkeit von Pflanzenbeschaffenheit und äußeren Einflüssen, und zwar im Hinblick auf die Verbesserung des Verfahrens mit Anwendung von Elektrizität untersucht werden.

Es werden hierbei zwei Vorgänge zu behandeln sein: die Gärung und die Selbsterwärmung des Futters. Die Klarstellung dieser beiden Vorgänge und ihrer Bedeutung für die elektrische Futterkonservierung wird die wissenschaftliche Grundlage für die im nächsten Teil zu behandelnden praktischen Versuche zur Ausnutzung und Verbesserung des Verfahrens abgeben.

A. Die Gärungsvorgänge.

Die Einsäuerung von Grünfutter beruht auf der Ausnutzung des im Futter vor sich gehenden Gärungsprozesses. Bei der Einsäuerung von Grünfutter spielen die Essig-, Butter- und Milchsäurebakterien die Hauptrolle. Der Gärungsprozeß geht in Fäulnisprozeß über, wenn gewisse Vorbedingungen für den Gärungsprozeß nicht richtig erfüllt sind. Die Gärungsvorgänge sind bekanntlich bedingt durch die Lebenstätigkeit der auftretenden Bakterien; diese sind in ihrer Entwicklung wiederum abhängig von den Lebens- bzw. Wachstumsbedingungen, welche die Gärungsorganismen in dem sog. Futterstock vorfinden. Wachstum kann überhaupt nur stattfinden, wenn günstige bis optimale Lebensbedingungen („formale Bedingungen") vorliegen, d. h. wenn genügend Nahrung, eine bestimmte Temperatur, Wasser und Sauerstoff vorhanden sind. Die Entwicklung biologischer Vorgänge kann aber auch durch Einwirkung äußerer Reize, wie intensives Licht, Wärme oder Kälte, Elektrizität und anderes besonders fördernd oder hemmend beeinflußt werden. Die Kenntnis der formalen und der durch äußere Reize hervorgerufenen Wachstumsbedingungen ist für die Beurteilung des Einsäuerungsverfahrens von größter Wichtigkeit. Da im allgemeinen jede Lebenstätigkeit mit Wärmeentwicklung verbunden ist, so haben auch die Wachstumsbewegungen der Bakterien eine solche zur Folge, die bei der Besprechung der Selbsterwärmung des Futters eingehend behandelt werden soll.

1. Der Einfluß der Hauptnahrung auf das Leben der Bakterien.

Als Hauptnahrung für die Bakterien bei der Einsäuerung von Grünfutter kommen, soweit bekannt, Eiweiße und Kohlehydrate in Betracht. Futterstoffe, welche reich an Kohlehydraten sind, wie z. B. die Blätter und das Kraut der Wurzel- und Knollengewächse, Zuckerrüben, Stoppelfrüchte, Mais, Zuckerrübenschnitzel und andere, bieten den säurebildenden Bakterien der Essig-, Butter- und Milchsäure die besten Nahrungsverhältnisse; dagegen finden in eiweißreichen und kohlehydratarmen Pflanzen, wie z. B. bei Luzerne, Klee und Wicke, die Fäulnisbakterien die beste Entwicklungsmöglichkeit. Hieraus folgt, daß sich die erstgenannten Futterarten leichter mit Erfolg einsäuern lassen als die letzteren.

2. Der Einfluß des Wassers.

Das Vorhandensein von Wasser ist ebensowohl Voraussetzung für die Entwicklung der säurebildenden Bakterien als auch der Fäulnisbakterien. Starke Feuchtigkeit begünstigt aber die Fäulnis. Dieser Erfahrung wird bei den bisher üblichen Einsäuerungsverfahren, dem Turmverfahren und dem Süßpreßverfahren in der Weise Rechnung getragen, daß man die Futterpflanzen von einem gewissen Grade natürlicher Entwässerung abhängig macht, indem man sie vor der Einsäuerung voll ausreifen oder abwelken läßt; da das Abwelkenlassen der Pflanzen aber nur bei trockener Witterung möglich ist, so bleiben jene Verfahren von der Witterung abhängig. Wie dem schädlichen Einfluß des Wassergehaltes im Futterstock auf andere Weise als durch vorheriges Abwelkenlassen der Pflanzen zu begegnen ist, wird im III. Teile behandelt werden.

3. Der Einfluß des Sauerstoffs.

Da die Bakterien zu den lebenden Organismen gehören, sollte man meinen, daß ihre Existenz ohne Vorhandensein von Sauerstoff für die Atmung unmöglich sei. Wenn diese Annahme auch im allgemeinen zutrifft, so hat die Wissenschaft doch einige Bakterienarten festgestellt, welche zu ihrem Wachstum keinen Sauerstoff benötigen. Die vom Sauerstoff abhängigen Bakterien nennt man aerobe, die vom Sauerstoff unabhängigen Bakterien dagegen anaerobe. Für die vorliegenden Untersuchungen ist es von Wichtigkeit zu wissen, daß die Butter- und Milchsäurebakterien anaerob, die Essigsäurebakterien aber sowie die Mehrzahl der Fäulnisbakterien aerob sind. Die Essigsäurebildung und die Fäulnis können hiernach durch feste Packung des Futters und Beseitigung der sauerstoffhaltigen Hohlräume weitgehend eingeschränkt werden. Dieses Mittel findet auch von jeher bei der Einsäuerung von Futter ganz besondere Beachtung.

Es liegt noch der Gedanke nahe, die beim Einweckverfahren erfolgreich erprobte Evakuierung der Konservengläser und -büchsen auch auf die Futterkonservierung anzuwenden; ob es sich aber wirtschaftlich lohnt, zu diesem Zweck Behälter für die Aufbewahrung von mehreren hundert Zentnern Futter so herzustellen, daß sie hermetisch verschließbar sind, ist zu bezweifeln.

4. Der Einfluß der Wärme.

Den größten Einfluß auf die Lebenstätigkeit der Bakterien übt die Wärme aus. Für alle Mikroorganismen besteht ein Minimum, ein Optimum und ein Maximum der Temperaturen. Man nennt diese drei Temperaturen die drei Kardinalpunkte der betreffenden Bakterienart. Die Höhenlagen sowie die Spannweiten der Kardinalpunkte sind für die verschiedenen Organismengattungen und auch für ihre Arten verschieden und wandelbar, je nach den besonderen äußeren Bedingungen, wie Nahrung, Licht und Sauerstoffzutritt. In nachstehender Tabelle 4 sind die Kardinalpunkte für die bei der Konservierung von Futtermitteln vorwiegend in Betracht kommenden Arten von Bakterien der Essig-, Butter- und Milchsäuregattungen nach den vorliegenden Literaturangaben eingetragen:

Tabelle 4. Kardinalpunkte in der Entwicklung von Essig-, Butter- und Milchsäurebakterien.

	Minimum ^{0} C	Optimum ^{0} C	Maximum ^{0} C
Essigsäurebakterien	10	20—25	35—40
Buttersäurebakterien	20	35—40	50
Milchsäurebakterien	5	45—50	60—70

Hervorzuheben ist, daß die Bakterien erhebliche Unterschreitungen des Temperaturminimums ohne Schaden vertragen können, während die Überschreitung des Temperaturmaximums schon bei wenigen Graden die Gärungsorganismen abzutöten vermag. Allerdings tritt das Absterben bei geringen Temperaturüberschreitungen erst nach längerer Zeit ein, während dasselbe bei größeren Überschreitungen in relativ kurzer Zeit erfolgt. Die Reaktion der Gärungsorganismen auf hohe Temperaturen ist individuell und artlich verschieden. Bisher angestellte bakteriologische Untersuchungen haben ergeben, daß bei Überschreitungen des Maximums um 1^0 C die Abtötung gewisser Bakterienarten erst nach mehr als 30 Tagen erfolgt, andere Bakterienarten bei gleicher Überschreitung aber schon nach fünf Tagen abgetötet werden. Die bei den Einsäuerungsverfahren angestellten bakteriologischen Untersuchungen lassen erkennen, daß die für den Verlauf des Gärprozesses schädlichen Essig- und Buttersäurebakterien bei Temperaturen des Futters um 50° C herum in kurzer Zeit absterben können. Da die gleichen Ergebnisse auch für die Existenz der meisten Fäulnisbakterien gelten, so ergibt sich aus diesen Untersuchungen die wichtige Folgerung, daß der Fäulnis und den schädlichen Gärungen durch rasche Erwärmung des Futters auf 50° C erfolgreich entgegengewirkt werden kann. Voraussetzung für die Dauer des Erfolges ist naturgemäß, daß eine nachträgliche Infektion des konservierten Futters und eine damit zusammenhängende schädliche Nachgärung verhütet wird.

Das Süßpreßfutterverfahren macht sich diese Vorgänge dadurch zunutze, daß durch Begünstigung der Selbsterwärmung des Futters, welche durch lockere Lagerung desselben in niedrigen Schichten erfolgt, möglichst schnell Temperaturen von 50° C und darüber erreicht werden. Bei dem elektrischen Verfahren wird, wie später noch eingehend auseinandergesetzt werden soll, zur raschen Erreichung der hohen Temperaturen im Futterstock die künstliche Erwärmung des Futters durch den elektrischen Strom ausgenutzt. Es muß allerdings hierbei darauf hingewiesen werden, daß die Temperatur allein für die Entwicklung der Bakterienflora nur bedingt maßgebend ist und daß die Gärungsvorgänge in einem Futterstock von den verschiedensten Verhältnissen gleichzeitig beeinflußt werden. So hat Scheunert[1]) durch Feststellung der Keimzahlen und der Bakterienflora in den Futterproben aus Elektrosilos bei verschiedenen Temperaturen des Einsäuerungsprozesses nachgewiesen, daß in mehreren Fällen schon bei 26° C die Buttersäurebazillen und die meisten anderen schädlichen Bazillen, welche zu Beginn der Einsäuerung in großen Mengen auftraten, verschwunden waren, obwohl ihr Lebensoptimum bei weit höheren Temperaturen liegt. Diese Erscheinung schreibt Scheunert der Entwicklung von freier Milchsäure während des Gärungsprozesses zu, welche die Abtötung der schädlichen Bazillen bewirkt. Das Ergebnis ist deshalb von ganz besonderer Bedeutung für die Beurteilung des Einsäuerungsverfahrens, weil es zeigt, daß die Milchsäure ein außerordentlich wirksames Mittel gegen schädliche Gärungen ist und es daher darauf ankommt, die Milchsäurebildung zu unter-

---

[1]) Scheunert, A., Prof. Dr., und Schieblich, M., Dr.: „Über die bei der elektrischen Futterkonservierung ablaufenden Vorgänge." Illustrierte landwirtschaftliche Zeitung 1923, Nr. 8.

stützen. Wie aus den Betrachtungen dieses Absatzes hervorgeht, kann wohl eine rasche Erwärmung des Futters auf 50° C als ein solches Mittel hierfür angesehen werden.

5. Der Einfluß des Lichtes.

Aus hinreichend bekannten sanitären Maßregeln ist zu entnehmen, daß das Licht im allgemeinen die Lebenstätigkeit der Bakterien stark zu beeinflussen vermag. Die in der medizinischen Wissenschaft in neuerer Zeit erzielten Erfolge durch Bestrahlungen (künstliche Höhensonne, Blaulicht-, Kaltlicht- und Röntgenstrahlen) bei der Bekämpfung zahlreicher Krankheiten werden hauptsächlich den Einwirkungen des Lichtes auf die Lebenstätigkeit der pathogenen Bakterien zugeschrieben. Auch die Selbstreinigung der Flüsse ist zu einem gewissen Teil auf den Einfluß des Sonnenlichtes zurückzuführen. Die praktische Anwendung der Lichtstrahlen für die Haltbarmachung von verderblicher Substanz ist aber bisher nur in zwei Fällen bekanntgeworden: Es besteht ein englisches Patent für ein solches Verfahren durch Bestrahlung mit Röntgenlicht; außerdem wurden im verflossenen Jahre von einem Gutsbesitzer Wolf in Schweinsburg Versuche mit der Bestrahlung von Futter bei der Einsäuerung durch intensives elektrisches Glühlicht vorgenommen. Die englische Erfindung hat bisher noch keine Verbreitung gefunden und es scheint, daß dieselbe ohne Erfolg geblieben ist. Die von Wolf im vorigen Jahre mit elektrischer Bestrahlung hergestellten Futterkonserven unterschieden sich wenig oder gar nicht von den aus Sauergruben hervorgehenden Gärprodukten, so daß auch dieses Verfahren keinen Beweis für die erfolgreiche Anwendung der Bestrahlung bei der Einsäuerung erbracht hat.

6. Der Einfluß des Druckes.

Was den Einfluß des Druckes auf die Wachstumsbewegungen von Bakterien anbetrifft, so haben Versuche nach dieser Richtung zwar ergeben, daß ein Gasdruck von erheblichen Intensitäten, wie 45—50 Atm., eine Veränderung des Wachstums hervorrief. Diese Veränderung äußert sich aber nur in einer Wachstumshemmung, während eine merkliche Schädigung der Individuen nicht nachgewiesen werden konnte. Da außerdem die Anwendung eines derart hohen Gasdruckes in der Praxis kostspielige Einrichtungen der Konservierungsbehälter voraussetzt, so kommt die Verbesserung der Einsäuerungsverfahren durch Druck nicht in Frage. Etwas anderes ist der Erfolg des Einsäuerungsverfahrens in amerikanischen Turmsilos, welcher hauptsächlich auf den hohen Druck zurückzuführen ist, den die Futtermassen durch ihre eigene Last erzeugen; dieser Druck beeinflußt aber nicht direkt, sondern nur indirekt den Gärungsprozeß, insofern als er eine feste Lagerung des Futters und damit eine Beseitigung der für die Fäulnis und schädlichen Gärungen förderlichen Lufträume zur Folge hat.

7. Der Einfluß der Bewegung.

Der Einfluß der Bewegung auf die Bakterientätigkeit kann kurz mit den Worten abgetan werden, daß die Untersuchungen hierüber ein positives Ergebnis nicht erbracht haben und daß außerdem die Anwendung der Bewegung auf Futtersilos erhebliche praktische Schwierigkeiten bereiten würde.

8. Der Einfluß der Elektrizität.

Für die vorliegende Arbeit interessiert naturgemäß am meisten der Einfluß, welchen die Elektrizität auf das Leben und Wachstum der Bakterien, insbesondere auf das der Gärungsorganismen auszuüben imstande ist.

Auf Grund bisher bekanntgewordener Forschungsergebnisse und auf Grund umfangreicher praktischer Erfahrungen kann als feststehend gelten, daß die Elektrizität den Gärungsprozeß im Sinne der Süßfuttergewinnung bei der Einsäuerung von Futter günstig zu beeinflussen vermag. So wertvoll diese Feststellung an sich auch schon ist, so reicht sie für den Hauptzweck dieser Arbeit, welcher auf die Verbesserung des elektrischen Verfahrens gerichtet ist, nicht aus, vielmehr ist hierfür die Kenntnis der besonderen Stromwirkungen und ihr Anteil an dem Erfolg des Verfahrens erforderlich. Aufgabe der Untersuchungen in diesem Abschnitt muß es daher sein, die bisherigen Veröffentlichungen von Versuchen und Erfahrungen daraufhin zu prüfen, ob und welche speziellen Stromwirkungen bisher ermittelt worden sind. Die Durchsicht der gesamten hierfür in Frage kommenden Literatur zeigt ganz deutlich, daß sowohl die biologischen als auch die chemischen und physikalischen Vorgänge bei der elektrischen Konservierung noch völlig ungeklärt sind und daß es auch noch geraume Zeit dauern wird, bis man von einer abschließenden Beurteilung sprechen kann. Immerhin bieten die Forschungen bisher schon sehr wertvolle Fingerzeige für die praktische Lösung des elektrischen Konservierungsproblems. Ganz besonders beachtenswert hierfür sind die nach dieser Richtung hin durchgeführten bakteriologischen Untersuchungen der Forscher Scheunert und Kinzel, welche im folgenden eingehend erörtert werden sollen.

Die restlose Klärung der Wirkungsweise des elektrischen Stromes würde darin bestehen müssen, daß einerseits der unmittelbare Einfluß der Elektrizität als solcher auf das Leben der Bakterien und andererseits sämtliche Stromwirkungen, welche als mittelbarer Einfluß auf die Lebenstätigkeit in Frage kommen können, gesondert ermittelt und in ihrer Abhängigkeit von Stromart und Spannung bestimmt werden. Die Schwierigkeiten dieser Aufgabe sind darin begründet, daß auch die Mittel der modernsten Forschung noch nicht dazu ausreichen, um die verschiedenartig auftretenden Stromwirkungen voneinander zu trennen und auf diese Weise gesondert untersuchen zu können. Es scheint, als wenn es den Forschern bisher lediglich gelungen wäre, die Wärmewirkung des Stromes bei ihren Untersuchungen bis zu einem gewissen Grade auszuscheiden bzw. ihren Anteil an der Gesamtwirkung der Elektrizität zu ermitteln. Völlig ungeklärt sind aber noch die Unterschiede einer direkten Wirkung des Stromes und der außer der Wärme noch bestehenden anderen indirekten Wirkungen, wie Elektrolyse unter Bildung bakterizider Gifte, mechanische Wirkungen durch Gewebelockerung und -zerstörung, Beeinflussung des Zellenplasmas bzw. der Schleimhüllen der Mikroorganismen u. dgl. Bei Durchsicht der hierauf bezüglichen Literatur ist festzustellen, daß man sich im allgemeinen zunächst darauf beschränkt hat, die Wärmewirkung des Stromes von der übrigen Gesamtwirkung des Stromes zu unterscheiden, und daß man daher mehr oder weniger unter dem Begriff des unmittelbaren Einflusses auch die indirekten Stromwirkungen, soweit sie nicht in Wärmeerzeugung bestehen, einbezogen hat. Eine scharfe Unterscheidung der direkten Stromwirkung von den nicht in Wärme bestehenden indirekten wird daher auch in den nachfolgenden Erörterungen nicht durchführbar sein, worauf an dieser Stelle besonders aufmerksam gemacht wird.

Von den vorliegenden wissenschaftlichen Arbeiten kommen für diese Untersuchung hier folgende in Betracht: die Abhandlung von Behrens über „Allgemeine Morphologie und Physiologie der Gärungsorganismen", ein Bericht von Regierungsrat Professor Dr. W. Kinzel und Assessor L. Kuchler über „Die Silofrage mit besonderer Berücksichtigung des Elektrosilos im Lichte neuer Forschung" und ein vorher schon erwähnter Bericht von Professor Dr. A. Scheunert und Dr. M. Schieblich „Über die bei der elektrischen Futterkonservierung ablaufenden Vorgänge". Nach den Ausführungen von Behrens[1]) haben die Forscher Spilker und Gottstein ein mit Bakterienkulturen in Wasser oder Gelatine gefülltes Glasgefäß von 250 ccm Inhalt mit Leitungsdraht umwickelt und durch diesen Draht Induktionsströme geschickt. Diese Versuchsanordnung vermeidet den Stromdurchgang durch die Versuchsflüssigkeit und damit zugleich die sekundären Wirkungen der Elektrizität, welche hiermit zusammenhängen. Die Einwirkung auf die Bakterien kann in diesem Falle allerdings nach den elektrotechnischen Anschauungen nur eine sehr geringfügige sein, weil in diesem Falle lediglich die Wirbelströme in Frage kommen, welche durch die Kraftlinienschnitte in der Flüssigkeit bzw. in den Organismen selbst erzeugt werden. Es soll eine gewisse Bakterienart bei diesem Versuch abgetötet worden sein, nachdem ein Strom von 2,5 Amp. bei 1,25 Volt Spannung während 24 Stunden einwirkte; andere Bakterienarten sollen sich als resistenter gegen die elektrische Induktionswirkung erwiesen haben. Bei den auf Milch ausgedehnten gleichartigen Versuchen gelang diesen Forschern keine völlige Sterilisierung derselben, sondern nur eine gewisse Herabminderung der Zahl der lebendigen Keime. Behrens berichtet ferner, daß die Forscher d'Arsonval und Charrin bei gleicher Versuchsanordnung mit Anwendung einer Induktionsspule und einer Spannung von 10 000 Volt feststellten, daß einem gewissen Eiterbazillus das Vermögen der Farbstoffbildung fast gänzlich genommen wurde. Den positiven Ergebnissen der vorgenannten Versuche steht nach Behrens ein gleiches negatives Ergebnis auf Grund der Versuche von Friedenthal entgegen; Friedenthal, welcher bei derselben Versuchsanordnung durch Kühlung des

---

[1]) Behrens, J., Prof. Dr.: „Handbuch der technischen Mykologie."
I. Bd.: „Allgemeine Morphologie und Physiologie der Gärungsorganismen",
Jena 1904—1907, S. 456.

mit bakterienhaltiger Flüssigkeit gefüllten Glasrohres die Temperaturerhöhung der Flüssigkeit verhinderte, vermochte auf diese Weise einen spezifischen Einfluß der Elektrizität auf das Leben der Bakterien nicht zu finden.

Die Forscher Kinzel und Kuchler[1]) neigen auf Grund der von ihnen angestellten eingehenden biologischen und chemischen Untersuchungen zu der Ansicht, daß die Elektrizität sowohl bewegend und belebend, als auch hemmend und tötend auf die Kleinlebewesen eines Futterstockes unmittelbar zu wirken vermag. Sie sprechen diese spezifische Wirkung der elektromotorischen Kraft zu, betonen aber zugleich, daß die Wirkungsweise des elektrischen Stromes in ihrem ganzen Umfang dabei noch im Dunkeln liege. Die von den beiden Forschern vorgenommenen Keimzählungen und chemischen Untersuchungen bezogen sich einmal auf Gärprodukte, welche mit normaler Stromart in einem Elfusilo hergestellt worden waren, sodann auf bakterienenthaltende Substanzen, welche experimentell Hochfrequenzströmen ausgesetzt wurden. Die Keimzählungen mit Elektrofutter ergaben eine Abnahme der Bakterienzahlen nach der elektrischen Konservierung, die mit den experimentell behandelten Substanzen vorgenommenen Keimzählungen ergaben in einem Falle eine Zunahme, im anderen Falle eine Abnahme der Bakterienzahlen.

Was zunächst die experimentellen Versuche anbetrifft, so benutzten die Forscher hierfür Induktionsströme mit einer Spannung von etwa 20 000 Volt und einer Stromstärke von 1/10 Milliamp. Die als Versuchsobjekte dienenden Substanzen wurden in einem Literglaskolben zwischen zwei Bleielektroden zweimal eine Stunde lang im Abstand von 12 Stunden elektrisiert. In einem Falle wurden 10 g frisches Gras in Wasser, im anderen Falle eine bakterienenthaltende Flüssigkeit ohne Graseinlage verwendet. Der Bakteriengehalt von 1 g Kolbeninhalt stellte sich bei dem frischen Gras vor der Elektrisierung auf 31 000 000, nach der Elektrisierung auf 80 000 000 Bakterien, dagegen bei der bakterienenthaltenden Flüssigkeit vor der Elektrisierung auf etwa 1 000 000 und nach der Elektrisierung auf etwa 50 000 Bakterien. Wie schon bemerkt,

---

[1]) Kinzel, Dr. W., Reg.-Rat, Prof., und Kuchler, L., Assessor: „Die Silofrage mit besonderer Berücksichtigung der Elektrosilos im Lichte neuer Forschung", Sonderabdruck aus Praktische Blätter der Bayrischen Landesanstalt für Pflanzenbau und Pflanzenschutz, Jahrgang 1923, Heft 6/7.

war demnach während der Elektrisierung in dem einen Falle eine starke Vermehrung, in dem anderen Falle eine starke Verminderung der Bakterienflora eingetreten. Wenn man, wie es Kinzel und Kuchler tun, diese Ergebnisse zum Teil der elektromotorischen Kraft zuschreiben will, so muß man sich nach dem Ausfall der beiden Experimente auch zu der Auffassung bekennen, daß die Elektrizität — ebenso etwa wie die Wärme — bald belebend und bewegend, bald hemmend und tötend auf das Bakterienwachstum zu wirken imstande ist. Es mag hier schon darauf hingewiesen sein, daß die später zu behandelnden Forschungsergebnisse von Scheunert noch eine andere Erklärung dieser Vorgänge zulassen. Beiden Versuchen würde übrigens ein höherer Wert beizumessen sein, wenn noch das Verhalten der Versuchsobjekte ohne Einwirkung von Elektrizität durch entsprechende Parallelversuche geprüft worden wäre.

Für die Praxis beanspruchen die Untersuchungen der Forscher, welche sich auf das Futter eines Elfusilos beziehen, weit größeres Interesse als die beiden vorbeschriebenen Experimente. Das Futter bestand bei diesen Untersuchungen aus Gras, welches in taunassem Zustande auf $1^1/_2$ cm gehäckselt, in den Behälter eingefüllt und nach dem Schweizerschen Verfahren mit Wechselstrom von 380 Volt Spannung behandelt worden war. Die Keimzählungen ergaben vor der Elektrisierung für das Gramm frisches Gras durchschnittlich 388 000 000 Bakterien; etwa 3 Wochen nach der Konservierung wiesen die entnommenen Proben bei verschiedenen Temperaturen, und zwar sowohl bei 26^0 C (55 cm über dem Siloboden) als auch bei 43^0 C (170 cm über dem Siloboden) nur noch 133 000 Bakterien für das Gramm Futter auf. Da nun das Futter in allen seinen Teilen während der elektrischen Silage Temperaturen über $45-50^0$ C nicht erreicht hatte, bei welchen die schädlichen, schwer zu vernichtenden Heubazillen zwar gelähmt, aber nicht abgetötet werden, so hätte nach Ansicht der Forscher ein Wiederaufleben dieser Heubazillen bei den ihnen zusagenden niederen Temperaturen erfolgen müssen, wenn sie nicht durch eine andere Einwirkung des Stromes als die der Wärmewirkung vernichtet worden wären. Daß ein völlig steriler Zustand des Elektrofutters erreicht worden war, bestätigen die Forscher durch die bakteriologische Untersuchung von Futterproben. welche dem Silo entnommen wurden, nachdem das Futter im Verlaufe des Winters (etwa

2 Monate lang) unberührt geblieben war. Die nach dieser Zeit entnommenen Proben enthielten durchschnittlich bei einer Temperatur von 4—6⁰ C im Mittel 200000 Bakterien auf 1 g. Das Futter hatte sich also nach zweimonatlicher Lagerung in seiner Sterilität kaum verändert. Wie schon erwähnt, vertreten die Forscher auf Grund ihrer Versuche die Ansicht, daß die Abtötung der Bakterien während der elektrischen Konservierung zum Teil der spezifischen Einwirkung der Elektrizität auf ihre Lebenstätigkeit zuzuschreiben ist. Es wird im weiteren Verlaufe dieser Abhandlung gezeigt werden, daß die anders gearteten Erklärungen, welche Scheunert denselben Vorgängen im Gärungsprozeß bei seinen Forschungen beilegt, auch auf die Ergebnisse von Kinzel und Kuchler Anwendung finden können.

Die Scheunertschen[1]) Untersuchungen haben vor denen von Kinzel und Kuchler den Vorzug, daß die Keimzählungen nicht nur vor und nach der Einsäuerung des Futters, sondern in verschiedenen Stadien des Gärungsprozesses während der elektrischen Konservierung vorgenommen worden sind. Als Futtermittel kamen Rübenblätter und Serradella in Frage. Die Zahlen, welche sich bei der quantitativen Bestimmung der Keime in dem Futter von zwei großen Elektrosilos in Gieshof und Buch ergaben, sind in folgender Tabelle 5 zusammengestellt.

Tabelle 5. Bakteriologische Untersuchungsergebnisse von Elektrofutter.

	Keimzahlen in 1 g Futter	
	Rübenblätter	Serradella
im Ausgangsmaterial	80 000 000	160 000 000
nach Einschaltung des Stromes:		
bei 26⁰ C Erwärmung	180 000 000	740 000 000
bei 40⁰ C „	—	190 000 000
bei 50—55⁰ C Erwärmung am Ende der Konservierung	26 000	160 000 000
bei Wiederöffnung des Silos zwecks Fütterung	15 000	fast steril

[1]) Scheunert, A., Prof. Dr., und Schieblich, M., Dr.: „Über die bei der elektrischen Futterkonservierung ablaufenden Vorgänge", Illustrierte Landwirtschaftliche Zeitung, Berlin 1923, Nr. 8.

Diese Zahlen beweisen, daß bei den vorliegenden Konservierungen mit Anwendung von Elektrizität zunächst bis zu einer Erwärmung des Futters auf 26° C eine Vermehrung der Bakterien und dann bei weiterer Temperaturzunahme bis 40 und 50—55° C eine Verminderung derselben stattgefunden hat. Scheunert schreibt weder die Zunahme der Bakterien in dem ersten Stadium des elektrischen Konservierungsprozesses (bis 26° C) noch die Abnahme derselben im zweiten Stadium (von 26—55° C) dem unmittelbaren Einfluß der Elektrizität auf das Bakterienwachstum zu, sondern führt für diese Erscheinungen folgende Ursachen an: Die Bakterienzunahme ergäbe sich aus der durch die Elektrizität mittelbar erzeugten Wärme, die Bakterienabnahme dagegen sei eine Folge der während des Gärungsprozesses eingetretenen Milchsäureentwicklung.

Die Begründung für diese Erklärung erbringt er durch die qualitative Untersuchung der Bakterienflora. Er stellte überraschenderweise fest, daß, wenn auch bis zu 26° C eine erhebliche Vermehrung der Keimzahlen stattgefunden hatte, so doch die Zahl der Bakterienarten wesentlich zurückgegangen war, und zwar waren die Milchsäurebildner während dieses Existenzkampfes der Bakterien an die Spitze getreten und unter anderen die eigentlichen Buttersäurebazillen völlig verschwunden. Auf Grund dieser Ergebnisse erklärt Scheunert den Vorgang bei der elektrischen Futterkonservierung in der Weise, daß zunächst die Wärmewirkung des elektrischen Stromes zu einer raschen und gleichmäßigen Erwärmung des zu konservierenden Materials und damit zugleich zu einer Wachstumsbegünstigung der gesamten Bakterienflora führt. Im Verlaufe dieser Entwicklung tritt alsdann nach ihm die Milchsäureflora an die Spitze und bewirkt die Abtötung der schädlichen Buttersäurebazillen sowie die Entstehung einer durch die Milchsäure praktisch sterilen Konserve.

Die Forschungsergebnisse von Scheunert und seine Erklärungen hierfür werden bei der Prüfung der Mittel für die Verbesserung des elektrischen Konservierungsverfahrens im nächsten Teile eine wichtige Rolle spielen.

Wenn man nun die Versuchsergebnisse von Kinzel und Kuchler unter dem Gesichtswinkel der Scheunertschen Erklärung betrachtet, so liegen auch bei diesen Versuchen keine Momente vor, welche gegen die Auffassung von Scheunert sprechen; sie können vielmehr bis zum gewissen Grade als Bestätigung der Scheunertschen Auffassung angesehen werden, wenn man in Rücksicht zieht, daß das Silofutter bei Kinzel und Kuchler hohe Milchsäureprozente, bei 26⁰ C 0,77 %, bei 43⁰ C 1,31 % aufwies.

Faßt man die Ergebnisse der hier besprochenen Untersuchungen über den Einfluß der Elektrizität auf das Wachstum der Bakterien nochmals zusammen, so darf man den Schluß ziehen, daß durch Anwendung derselben bei den Einsäuerungsverfahren der Gärungsprozeß im Sinne der Erreichung eines guten Süßfutters günstig beeinflußt werden kann, daß aber allem Anschein nach dieser Erfolg nicht der direkten Einwirkung der Elektrizität auf die Bakterienflora, sondern vielmehr der indirekten Einwirkung durch rasche Erwärmung des Futters zuzuschreiben ist.

B. Selbsterwärmung der Pflanzen.

Über die Selbsterwärmung von Futterpflanzen ist folgendes bekannt geworden: Häuft man geerntete Pflanzen in Mieten oder in Behältern zusammen, so tritt aus zwei Ursachen eine Selbsterwärmung des Futters ein. Die eine Ursache beruht auf der Atmung der auch noch nach der Ernte bis zum Zellzerfall lebenden Pflanzen und die andere auf der Lebenstätigkeit bzw. dem Stoff- und Kraftwechsel der Bakterien. Die aus diesen beiden Faktoren resultierende Wärme führt nach Miehe[1]) die Bezeichnung „physiologische Wärme".

Bei der lauen Vergärung wird die Selbsterwärmung bis zu 35—40⁰ C, bei der warmen Vergärung bis zu 50⁰ C ausgenutzt.

Von besonderem Interesse für die Beurteilung der Erwärmungsvorgänge ist ihre Abhängigkeit von äußeren Einflüssen. So kann als ein wichtiges Mittel zur raschen Erzielung hoher Temperaturen die Verwendung von abgewelktem Futter angesehen werden. Es ist selbstverständlich, daß nasses Futter die Erwärmung insofern schon beeinträchtigt, als das in die Einsäuerungsbehälter eingebrachte Wasser mit erwärmt werden muß und auf diese Weise ein Teil der erzeugten Kalorien ohne Nutzen für den Gärungsprozeß absorbiert wird. Wie schon erwähnt, trägt das Süßpreßverfahren diesem Umstande durch die Vorschrift Rechnung, daß die Pflanzen im abgewelkten Zustande zur Vergärung kommen sollen.

---
[1]) Miehe, Hugo, Prof. Dr.: „Über die Selbsthitzung des Heues", Berlin 1911, S. 23.

Was die Einwirkung der äußeren Temperatur auf die Futtermassen eines Silos betrifft, so kann eine solche sowohl im positiven wie negativen Sinne (Erwärmung oder Abkühlung durch Außenluft) unberücksichtigt bleiben, weil die Silowandungen im allgemeinen wegen der Frostgefahr im Winter (Einfrieren des Futters) gut wärmeisolierend hergestellt werden und außerdem das Futter an sich auch ein sehr schlechter Wärmeleiter ist. Messungen in einem Silofutterstock, welcher nach der Konservierung 2 Monate lang unberührt geblieben war, haben ergeben, daß selbst erhebliche Differenzen zwischen Außentemperaturen und Futtertemperaturen im Verlaufe von 10 Tagen kaum meßbare Temperaturveränderungen im Futterstock hervorbrachten; während dieser Zeit betrugen die Außentemperaturen nachts durchschnittlich -4^0 C und am Tage durchschnittlich $+1^0$ C, während die Futtertemperatur unverändert, und zwar in der Mitte des Futterstockes gemessen, $+21^0$ C auswies. Dicht an der Silowandung schwankte die Temperatur innerhalb dieser 10 Tage zwischen $+14^0$ C und $+13^0$C. Diese Feststellung berechtigt zu der Annahme, daß während des Konservierungsprozesses, welcher im Höchstfall 9—10 Tage dauert, weder eine merkbare Wärmezufuhr noch ein Wärmeverlust durch Außentemperatur im Futterstock eintritt. Eine andere Frage ist es, ob nicht durch Ausdünstung des Futters nach oben während des Konservierungsprozesses nennenswerte Wärmeverluste entstehen. Sicher ist, daß die Wärmeausdünstung durch die Oberfläche eine Rolle spielt und bei der Beurteilung der Erwärmungsvorgänge nicht vernachlässigt werden kann. Dieser Faktor kann aber, wie die Versuche gezeigt haben, praktisch dadurch genügend ausgeschaltet werden, daß die Oberfläche der Futterschichten während der Konservierung mit Holzdeckel, Kaff, alten Säcken oder auch mit Lehmerde abgedeckt wird, wodurch eine hinreichende Wärmeisolierung nach oben erreicht wird.

Für eine Beurteilung der bei den Gärungsvorgängen wirksamen Energien wäre es erwünscht, wenn man den Anteil, welchen die Atmung der Pflanzen an der Erwärmung hat, von dem der Bakterientätigkeit trennen könnte. Die Trennung dieser beiden Faktoren stößt aber bei experimentellen Versuchen auf große Schwierigkeiten, weil sie fast immer gemeinsam auftreten und daher nicht getrennt aufgeführt werden können. Am Schluß dieses Teiles soll der Versuch gemacht werden, die Erwärmung des Futters unter verschiedenen Verhältnissen graphisch zur Darstellung zu bringen und dabei auf mathematische Weise die physiologische Wärme angenähert in Atmungswärme und Bakterienwärme zu zerlegen. Besonders hervorzuheben ist, daß alle Erwärmungsvorgänge auf Kosten von Lebensenergien vor sich gehen und naturgemäß eine Herabsetzung des Nährwertes des Futters zur Folge haben.

1. Die Atmung der Pflanzen.

Die Atmungswärme kommt um so mehr zum Vorschein, je mehr für Luft, d. h. für Sauerstoffzufuhr gesorgt wird, weil die Atmung lediglich einem Verbrennungsprozesse gleichkommt. Diese Erscheinung macht sich das Süßpreßfutterverfahren dadurch zunutze, daß die Futterpflanzen locker in die Konservierungsbehälter eingestreut werden, um auf diese Weise durch große Lufträume die Atmung kräftig zu unterstützen und dadurch eine rasche Erwärmung des Futters auf 50^0 C herbeizuführen; dem gleichen Zweck soll auch eine von Kluge und Reich für die laue Vergärung vorgeschlagene hohle Unterlage des Futters, bestehend aus Reisig oder dgl., dienen.

Durch stürmische Atmung der Pflanzenorganismen und damit zusammenhängende Oxydation der Kohlehydrate soll ein Teil der Stärke in Zucker umgewandelt werden, was zur Folge hat, daß die Milchsäurebakterien durch den gebildeten Zucker reichliche Nahrung für ihre Entwicklung erhalten.

Nach den Untersuchungen von Miehe hört die Atmung der Pflanzen bei Überschreitung einer Temperatur von $40-50^0$ C auf; demgemäß ist mit einer Wärmeentwicklung im Futterstock über $40-50^0$ C hinaus durch den Atmungsprozeß nicht mehr zu rechnen.

2. Die Lebenstätigkeit der Bakterien.

Der Beitrag, welchen die Bakterientätigkeit zu der physiologischen Wärme des Futters liefert, hängt von Qualität und Quantität der vorhandenen Bakterienflora ab. Bei der Qualität kommt es insbesondere auf das Charakteristikum der Kardinalpunkte an. Je mehr termophile Bakterienarten vertreten sind, d. h. je mehr die höheren Temperaturen die Lebenstätigkeit der vorhandenen Organismen anregen, um so rascher wird die Entwicklung der

Erwärmung mit steigender Temperatur vor sich gehen. Die am Schlusse dieses Teiles folgende graphische Darstellung wird zeigen, daß man es infolge der Bakterientätigkeit bei der physiologischen Erwärmung mit einer stark ansteigenden Exponentialkurve zu tun hat.

Aus den Betrachtungen über die Selbsterwärmung ist folgende Hauptlehre für die Einsäuerungsverfahren zu ziehen: Die Selbsterwärmung bedeutet Energie- und Nährwertverluste; wenn es möglich ist, die Selbsterwärmung durch künstliche Erwärmung mittels Elektrizität zu ersetzen, so bedeutet dies einen Gewinn an Nährwertenergie.

C. Graphische Darstellung der Erwärmungsvorgänge.

Den nachstehenden graphischen Darstellungen liegen zwei Versuche zugrunde, welche zum Vergleich der Einsäuerung von Futter mit und ohne Anwendung von künstlich zugeführter Wärme im Spätherbst ausgeführt wurden. Es standen hierzu zwei ausgemauerte, quadratische Erdgruben mit einem Fassungsvermögen von je 18 cbm zur Verfügung. Beide Gruben wurden gleichzeitig mit gehäckselten Zuckerrübenblättern gefüllt, so daß jeder Behälter eine dicht festgetretene Futtermasse von 200 Ztr. enthielt. Die Anfangstemperatur des Futters zu Beginn des Silageprozesses betrug 3^0 C. Das Futter des einen Behälters wurde sich selbst überlassen (laue Vergärung), während das andere Futter durch besonders konstruierte Apparate, welche im nächsten Teil eingehend erläutert werden sollen, mittels Elektrizität künstlich erwärmt wurde. Es sei besonders hervorgehoben, daß in diesem Falle der elektrische Strom nicht wie bei dem Schweizerschen System durch das Futter geleitet wurde, sondern lediglich eine künstliche Erwärmung mit Anwendung von Elektrizität erfolgte, um direkte Einwirkungen des Stromes auf die Bakterientätigkeit völlig auszuschalten und den Einfluß künstlicher Erwärmung auf das Leben der Bakterien und auf den Verlauf des Gärungsprozesses zu prüfen.

Die elektrische Heizung ermöglichte es, die zugeführte Leistung während des Silageprozesses von Anfang bis zum Schluß konstant zu erhalten. Dieselbe betrug 3,6 kW bei einer Spannung von

20 Untersuchung der biologischen und physikalischen Vorgänge.

120 Volt. Die täglich vorgenommenen Temperaturmessungen ergaben, daß der mit Elektrizität behandelte Futterstock innerhalb von zwei Tagen auf 50⁰ C erwärmt wurde, während das unbehandelt gebliebene Futter erst nach etwa neun Tagen eine Temperatur von 40⁰ C erreichte.

In Abb. 1 sind die bei den Versuchen aufgenommenen Temperaturkurven für das unbehandelte und für das mit elektrischer Wärme behandelte Futter dargestellt; mit T_p ist die erstere, mit T_e die letztere bezeichnet. Aufgabe dieser Betrachtungen

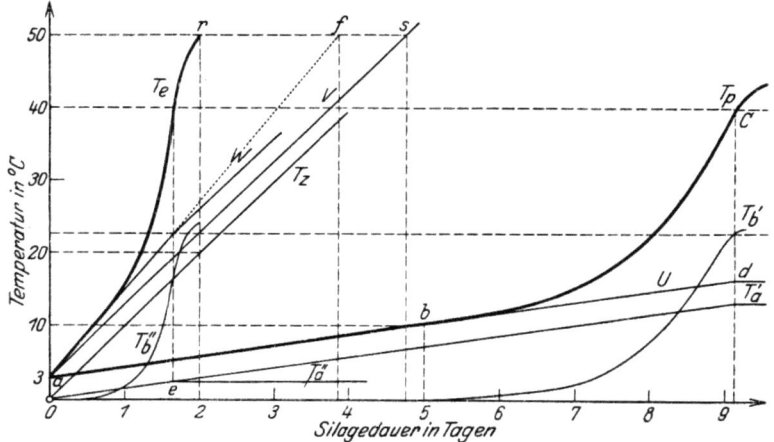

Abb. 1. Temperaturkurve einer lauen Vergärung und einer elektrischen Konservierung mit Futterkochern ohne Futterstrom.

soll es sein, die beiden Temperaturkurven in ihre Komponenten zu zerlegen, um aus diesen Ergebnissen wichtige Erscheinungen bei der elektrischen Futterkonservierung erklären zu können.

Betrachtet man zunächst den Verlauf der Kurve T_p, so kann festgestellt werden, daß die Kurve in den Grenzen von 3—10⁰ C, d. h. von a—b geradlinig verläuft, daß sie von 10⁰ C (b) bis 40⁰ C (c) eine beschleunigt steigende Exponentialkurve darstellt und schließlich bei 40⁰ C einen Wendepunkt erreicht, von wo sie wieder umbiegt. Die Temperaturerhöhung des Futters kann in diesem Falle nur durch zwei Faktoren bewirkt worden sein, nämlich durch die Atmung der Pflanzen und die Lebenstätigkeit der

Bakterien. Von einer Beeinflussung der Futtererwärmung durch die Außentemperatur kann, wie schon früher dargelegt worden ist, abgesehen werden. Einer Abströmung der Wärme durch Ausdünstung wurde durch sofortiges Abdecken des Futterstockes mit Kaff und Erde vorgebeugt. Da nach Tabelle 4 die optimalen Temperaturen der für den Gärungsprozeß hauptsächlich maßgebenden Säurebakterien in den Grenzen von 20—50° C liegen, so kann angenommen werden, daß der Beitrag, welchen diese Bakterienarten zur Erwärmung des Futters liefern, unterhalb einer Temperatur von 10° C sehr gering ist. Vernachlässigt man die Bakterienwärme bis zu einer Temperatur von 10° C völlig, so würde die Kurve T_p in ihrem Verlaufe von a—b hauptsächlich die Temperaturkurve der Atmungswärme wiedergeben. Nimmt man ferner an, daß die Atmungstätigkeit der Pflanzen innerhalb 10—40° C von den Temperaturen praktisch unabhängig ist, so würde die Temperaturkurve der Atmungswärme auch über b hinaus weiter geradlinig verlaufen müssen, bis sie bei einer Temperatur von etwa 40° C (d), bei welcher die Pflanzen absterben, einen Knick macht und von da ab parallel zur Abszissenachse weiterführt. In der Abb. 1 ist diese Atmungskurve mit U bezeichnet. Um diese Kurve unabhängig von der Anfangstemperatur darzustellen, möge sie um das Ordinatenstück 3° C mit sich selbst parallel nach unten verschoben werden, so daß man auf diese Weise die Temperaturkurve der Atmungswärme T_a' gewinnt. Die Temperaturkurve der Bakterientätigkeit ergibt sich hiernach ohne weiteres durch Subtraktion der Kurven T_p und U und ist in Abb. 1 durch die Kurve T_b' wiedergegeben.

Soll nun die Temperaturkurve T_e in gleicher Weise zerlegt werden, so ist zunächst die Temperaturkurve für die elektrisch erzeugte Wärme einzutragen. Dieselbe ergibt sich unter Benutzung der Formel $t = 15 \cdot A$, wobei t die Temperaturzunahme des Futters durch die elektrische Wärme und A die elektrische Arbeit auf 1 Ztr. Futter bedeutet. Dieser Formel ist ein kalorisches Äquivalent der elektrischen Arbeit von 860 Kalorien je kWh und eine Wärmekapazität von 1,1 des Futters zugrunde gelegt worden. Da die Zählerablesung bei dem Versuch der elektrischen Konservierung einen Verbrauch von 1,35 kWh je Ztr. Futter ergeben hat, so ist die Temperaturzunahme des Futters durch elektrische Heizung nach Beendigung des Konservierungsprozesses mit rund 20⁰ C einzusetzen. Die so ermittelte Temperaturkurve der künstlich erzeugten Wärme ist in der Abbildung mit T_z eingezeichnet; sie verläuft geradlinig, weil, wie bemerkt, die zugeführte elektrische Leistung konstant erhalten wurde. Die Atmungskurve für die elektrische Konservierung verläuft bis zum Punkte o, d. h. bis zum Eintritt einer Temperatur von 40⁰ C mit der Atmungskurve der lauen Vergärung zusammen und von da ab parallel mit der Abszissenachse. Diese Kurve ist in der Abbildung mit T_a'' bezeichnet. Verschiebt man nun die Kurve T_z parallel mit sich selbst um die Ausgangstemperatur (3⁰ C) nach oben, so erhält man die Kurve V. Zu der Kurve V addiert man nun die Kurve T_a'', so daß sich die Kurve W ergibt. Durch Subtraktion der Kurven T_e und W resultiert alsdann die Temperaturkurve der Bakterienwärme T_b''.

Der Vergleich der beiden Kurven T_b' und T_b'' führt zu dem wichtigen Ergebnis, daß die aus der Bakterientätigkeit entwickelte Wärme in beiden Fällen annähernd zu der gleichen Temperaturerhöhung von etwa 23⁰ C führt, wobei in dem sich selbst überlassenen Futter hierfür die Zeit vom 5. bis zum 9. Tage, d. h. etwa 4 Tage, in dem mit elektrischer Heizung behandelten Futter die Zeit nach der 12. Stunde bis zum 2. Tage, d. h. etwa 1½ Tag, benötigt wurden. Da für beide Versuche das gleiche Futter und die gleiche Futtermenge benutzt wurden, so stimmen auch die von den Bakterien entwickelten Wärmemengen in beiden Fällen überein. Aus diesem Resultat gewinnt man eine Erklärung dafür, daß die Erwärmung von Futter mit Anwendung von Elektrizität viel schneller vor sich geht, als der zugeführten elektrischen Wärme theoretisch entspricht. Wäre der Verlauf der aus der lauen Vergärung gewonnenen Temperaturkurve T_p auch für den Versuch mit elektrischer Erwärmung maßgebend, so würde, wie eine einfache Überlegung zeigt, die Temperatur von 50⁰ C mit Anwendung von Elektrizität erst nach etwa 4 Tagen im Punkt f erreicht werden. Der Aufwand an elektrischer Arbeit müßte in diesem Falle rund 2,5 kWh je Ztr. betragen haben. Sieht man aber von der physiologischen Erwärmung ganz ab, so würde die Temperatur von 50⁰ C erst im Punkte s, d. h. nach 4¾ Tagen mit einem Aufwand von 3,14 kWh je Ztr. Futter erreicht werden.

Wenn auch die vorstehenden graphischen Darstellungen noch einer Prüfung durch weitere Versuche bedürftig sind, so zeigen sie doch schon deutlich, daß die physiologischen Erwärmungsvorgänge im Futter mit Anwendung von künstlicher Erwärmung anders verlaufen als ohne eine solche, und zwar wird die Temperaturerhöhung durch Bakterientätigkeit unter Einwirkung der künstlichen Wärme wesentlich beschleunigt. Dieses Ergebnis ist für die Wirtschaftlichkeit der elektrischen Konservierung von großer Bedeutung. Im nächsten Teile wird das gewonnene Ergebnis noch durch andere Versuche Bestätigung finden.

D. Ergebnisse.

Aus den im II. Teile behandelten Studien lassen sich zusammenfassend folgende Richtlinien für die Versuche im nächsten Teil aufstellen:

1. Kohlehydratreiche Pflanzen (Blätter und Kraut der Wurzel- und Knollengewächse, Zuckerrüben, Zuckerrübenschnitzel, Stoppelfrüchte, Mais und die meisten anderen Gräserarten) lassen sich leichter mit Erfolg einsäuern wie kohlehydratarme, eiweißreiche Pflanzen (Luzerne, Klee, Wicke u. dgl.).

2. Die Feuchtigkeit des grünen Futters muß richtig bemessen sein; zu starke Feuchtigkeit begünstigt die Fäulnis.

3. Feste Lagerung der Futterkonserve unter Ausschaltung aller Lufträume und absolut dichte Abdeckung des Futterstockes setzt die Essigsäure- sowie Fäulnisbildung herab und ist Voraussetzung für die Erhaltung der Sterilität bei der Aufbewahrung.

4. Die etwa von Licht, Druck und Bewegung ausgehenden Reize auf das Leben der Bakterien bieten vorläufig keine Aussicht auf praktische Ausnutzung für das Konservierungsverfahren.

5. Es steht fest, daß die Wärme ebenso belebend wie hemmend und tötend auf das Wachstum der Mikroorganismen einzuwirken vermag; sie stellt deshalb ein wichtiges Mittel für die künstliche Beeinflussung des Gärungsprozesses dar.

6. Durch Anwendung von Elektrizität kann der Gärungsprozeß bei der Einsäuerung von Futter im günstigen Sinne beeinflußt werden; wahrscheinlich ist dieser Erfolg nicht der direkten Einwirkung der Elektrizität als solcher auf die Bakterienflora, sondern vielmehr der indirekten Wirkung durch rasche Erwärmung des Futters zuzuschreiben.

7. Die Bildung von Milchsäure, welche als desinfizierendes Mittel für die Haltbarmachung des Futters erforderlich ist, kann durch rasche Erwärmung des Futters auf 40—50° C erfolgreich unterstützt werden.

8. Da die Atmung der Pflanzen und die Lebenstätigkeit der Bakterien im Futter auf Kosten seiner Nährwertsubstanz vor sich gehen, so können sie nur insoweit erwünscht sein, als sie für die Bildung von Milchsäure dienlich sind.

9. Der Einfluß der Außentemperatur auf die Erwärmungsvorgänge im Futterstock kann während des Silageprozesses unberücksichtigt bleiben, weil die Futterbehälter im allgemeinen gut wärmeisolierend (gegen Einfrieren des Futters im Winter) hergestellt werden und außerdem das Futter ein sehr schlechter Wärmeleiter ist; dagegen können die Wärmeausdünstungen durch die Oberfläche der zu behandelnden Futterschichten erhebliche Wärmeverluste zur Folge haben und müssen durch geeignete Mittel während der Konservierung unterbunden werden.

10. Durch künstliche Erwärmung des Futters wird die Lebenstätigkeit der Bakterien dergestalt angeregt, daß dieselbe einen wesentlichen Teil der Gesamterwärmung des Futters bis 50° C übernimmt.

III. Die elektrische Futterkonservierung.

A. Verfahren nach dem System Schweizer.

Den Ausgangspunkt der Studien und Untersuchungen über das elektrische Konservierungsverfahren und der Versuche zur Verbesserung desselben bildet die von Dipl.-Landw. Schweizer angegebene Methode der Behandlung des Futters mit elektrischem Strom.

Das von Schweizer angegebene Verfahren wird kurz mit Elfuverfahren (Abkürzung von Elektrofutterverfahren) bezeichnet; ebenso heißen die für dieses Verfahren benutzten Behälter kurz Elfubehälter oder Elfusilos. Ein Elfusilo ist folgendermaßen eingerichtet: Die Wände bestehen aus besonders konstruierten Hohlziegelsteinen mit Einlagen von Eisenbandagen; die Querschnittsform eines Behälters ist sechseckig, viereckig oder rund. Die Grundfläche beträgt etwa 15 qm, die Höhe etwa 6,5 m, der Rauminhalt also etwa 100 cbm. Da man bei gutem Einstampfen auf jedes Kubikmeter je nach Pflanzenbeschaffenheit eine Futtermenge von 15—18 Ztr. unterbringen kann, so faßt ein normaler Elfusilo ein Futterquantum von 1500—1800 Ztr. Nach Voeltz[1]) verabreicht man durchschnittlich an Kühe bis zu 25 kg Silagefutter, an Schafe bis zu 2,5 kg auf den Kopf und Tag. Rechnet man für die Winterfütterung 200 Tage, so wird bei völliger Ausnutzung des Silofutters für eine Kuh ein Silagequantum von 100 Ztr. im Jahr benötigt. Die Dimensionen des soeben beschriebenen Elfusilos fassen demnach den Winterunterhalt für 15—18 Kühe bei einer täglichen Ration von ½ Ztr. für die Kuh. Da, wie oben bemerkt, 1 cbm sich mit 15—18 Ztr. Silagefutter füllen läßt, so braucht man für eine Kuh einen Siloraum von 6 cbm. Die Silos werden je nach den Grundwasserverhältnissen mehr oder weniger in den Erdboden versenkt. Zur Futterentnahme sind etagenweise Türöffnungen angebracht. Die Innenwandungen sind mit Zement verputzt und zur Isolierung

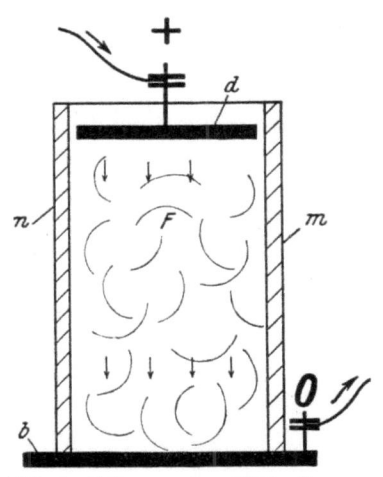

Abb. 2. Schema eines Elfusilos.

gegen den elektrischen Strom mit einem besonderen Isolierlackanstrich versehen. Der Boden in den Elfubehältern wird durch einen in denselben eingelegten Rost aus runden Eisenstäben leitend gemacht und mit dem einen Pol der elektrischen Anlage, in Drehstromanlagen mit dem Nulleiter des Systems, verbunden. Zum Anschluß des zweiten Pols der elektrischen Leitung dient ein in der Regel mehrteiliger Holzdeckel mit Metallbelag, welcher auf das Futter aufgelegt wird. Abb. 2 zeigt die schematische Dar-

---

[1]) Voeltz, Wilhelm, Prof. Dr.: „Die neuen Methoden der Konservierung saftreicher Futterstoffe und ihre Bedeutung für die landwirtschaftliche Praxis", Fühlings Landwirtschaftliche Zeitung, Stuttgart 1922. Heft 9/10, S. 164.

stellung eines solchen Elfusilos: Die Wand, aus Isoliermaterial bestehend, ist mit m, der Boden, ausleitendem Metall bestehend, ist mit b und der Deckel, ebenfalls aus leitendem Metall, mit d bezeichnet. Der Deckel wird im Falle der Verwendung von Gleichstrom mit dem Pluspol, der Boden mit dem Nullpol der Anlage verbunden. Das Gefäß soll mit Futterpflanzen F dicht gefüllt sein. Wird der Stromkreis eingeschaltet, so schließt sich derselbe durch das Futter und es fließt je nach dem Widerstand des Futters mehr oder weniger Strom von dem Deckel d, durch welchen er sich über die ganze Futterfläche verbreiten kann, von oben nach unten (bei Gleichstrom!), also durch das Futter nach dem Boden b, was in der Abbildung durch Pfeile angedeutet ist. Dieser Strom sei zum Unterschied von dem für Zerkleinerungszwecke bei der elektrischen Silage benötigten Kraftstrom oder von irgendwelchem anderen Licht- oder Kraftstrom mit dem Namen „Futterstrom" bezeichnet. In Drehstromanlagen werden zum Ausgleich der Phasen in der Regel drei Elfubehälter gleichzeitig eingeschaltet; in diesem Falle sind die Roste der drei Silos an den Nullpol der Drehstromanlagen angeschlossen, während die Deckel mit je einer der drei Phasen verbunden werden[1]).

Die elektrische Konservierung in einem Elfubehälter geht in der Weise vor sich, daß die Futterpflanzen zerkleinert in den Behälter eingefüllt und während der Füllung durch Menschen gleichmäßig festgetreten werden. Die Silage erfolgt schichtenweise, und zwar werden jedesmal Schichten von 1—2 m Höhe elektrisch behandelt. Ist die erste Schicht eingefüllt, so werden die Deckel aufgelegt und mit dem einen Pol der Leitung verbunden. Alsdann wird der Strom eingeschaltet und die Stromstärke an einem Strommesser abgelesen. Wie im nächsten Abschnitt näher erläutert wird, richtet sich die Stromstärke nach der inneren und äußeren Beschaffenheit der zur Konservierung kommenden Futterpflanzen. Im Verlaufe des Konservierungsprozesses steigt die Stromstärke durch die wachsende Erwärmung des Futters an und erreicht bei den üblichen Silodimensionen und Futterschichten, je nach der Höhe der Anfangstemperatur und der Höhe der angewandten Spannung, im allgemeinen nach 12—24 Stunden etwa 50 Amp. Die Erfahrung hat gelehrt, daß bei normalem Ver-

---

[1]) Wallem, Dr.: „Die elektrische Konservierung von Grünfutter", Mitteilungen der Vereinigung der Elektrizitätswerke e. V., Berlin 1921, Nr. 292, S. 224.

laufe des elektrischen Konservierungsprozesses in der Regel die Futtertemperatur von 50⁰ C gleichzeitig mit der Stromstärke von 50 Amp. erreicht wird. Die Ablesung des Strommessers gibt demnach zugleich brauchbare Anhaltspunkte für die Erwärmung des Futterstocks. Ist der Futterstock auf 50⁰ C erwärmt, so ist die elektrische Konservierung der ersten Schicht beendet. Der Strom wird hiernach ausgeschaltet und der Deckel abgenommen; es kann alsdann eine zweite Schicht eingefüllt und in der gleichen Weise

Abb. 3. Versuchssilos aus Glaszylindern.

siliert werden. Da der Widerstand der ersten Schicht nach Beendigung des Gärungsprozesses verschwindend klein geworden ist, so wird die Behandlung der zweiten Schicht durch diese nicht mehr beeinträchtigt. In derselben Weise vollzieht sich die elektrische Silage der dritten, vierten und folgenden Schichten, bis der Silo gefüllt ist und alsdann zur Abdeckung gelangt.

Um die Vorgänge bei der elektrischen Konservierung in einem Elfubehälter experimentell zu untersuchen, wurden kleine Versuchssilos aus Glaszylindern, und zwar in zwei verschiedenen Größen, hergestellt. Abb. 3 zeigt die photographische Wiedergabe eines solchen kleineren und größeren Glassilos. Die kleinen Glasbehälter hatten einen Rauminhalt von 2,8 Liter, die größeren einen solchen von 13,5 Liter. Die Böden der Glassilos waren aus Eisen hergestellt und, wie die Abbildung zeigt, zugleich als Ablaufbehälter mit Sieb und Ablaßhahn für das Fruchtwasser eingerichtet. Die Deckel, aus Messing, waren mit Löchern für das Einführen von Thermometern in das Futter versehen; das Schema dieser Versuchssilos ist in Abb. 2 enthalten. Außer den Glassilos waren für die Versuche mehrere zylindrische Betonbottiche angefertigt worden, welche eine lichte Weite von etwa 1 m und eine lichte Höhe von 0,65 m und demnach ein Fassungsvermögen von etwa $\frac{1}{2}$ cbm (ca. 5 Ztr. Silagefutter) besaßen. Schließlich standen noch für größere Versuche eine Anzahl gemauerte Gruben von 15—20 cbm Inhalt (200—300 Ztr. Silagefutter) zur Verfügung.

Bei den ersten Versuchen mit Glassilos, welche im Winter stattfanden, wurde kleingeschnittener Weißkohl benutzt. Als Stromart diente Wechselstrom mit 210 Volt Spannung. Das Futter wurde in voller Höhe der Silos mit einem Kolben gleichmäßig festgestampft. In allen Fällen konnte selbst nach stundenlanger Einschaltung des Stromes ein Stromdurchgang kaum festgestellt werden. Erst nachdem das Futter mit einer dünnen Kochsalzlösung angefeuchtet war, setzte ein merkbarer Stromdurchgang ein, welcher in einem Falle z. B. nach 2½ Stunden bei maximal 2 Amp. das Futter auf 50° C erwärmte und zum Zerfall brachte. Alle Versuche mit Weißkohl sowie auch die später mit grünen Futterpflanzen wiederholten Versuche wiesen in ihrem Verlauf völlige Verschiedenheit in bezug auf die maximale Stromstärke und die Zeitdauer des Prozesses auf. Es ergab sich, daß der Stromverlauf im Futter sowohl von der Beschaffenheit der Pflanzenoberfläche (Wachsschichten), dem Wassergehalt, der Feuchtigkeit, der Temperatur, dem Zerkleinerungsgrad und der Pressung der Pflanzen, als auch von dem Querschnitt, der Höhe des Futterstockes und von der Stromspannung abhängig ist.

B. Die elektrische Leitfähigkeit des Futters.

Dasjenige Problem, welches für die praktische Ausnutzung des Schweizerschen Konservierungsverfahrens mittels Elektrizität die wichtigste Rolle spielt, ist in der elektrischen Leitfähigkeit des Futters zu suchen. Die Pflanzenmassen in einem Elektrosilo können als Leiter zweiter Klasse gelten, für welche das Ohmsche Gesetz sowie die Kirchhoffschen Gesetze über die Stromverzweigung ohne weiteres zutreffen, sofern nicht durch Elektrolyse Abweichungen eintreten. Auch die bekannte Formel für den Ohmschen Widerstand $R = \rho \cdot \frac{1}{F}$ kann auf die organischen Substanzen des Silofutters mit der Maßgabe angewendet werden, daß der spezifische Widerstandskoeffizient in hohem Maße direkt von der inneren und äußeren Pflanzenbeschaffenheit, indirekt von der Erwärmung des Futters abhängig ist.

Eine präzise Bestimmung des spezifischen Widerstandskoeffizienten konnte bisher nicht ermittelt werden, weil der Ohmsche Widerstand infolge der während des Konservierungsprozesses fortgesetzten Veränderung aller auf ihn einwirkenden Faktoren Werte annimmt, welche sich nicht vorausberechnen lassen. Nach dem Bericht von Schweizer[1]) lictete bei einem von ihm angestellten Versuch eine Futterschicht von 50 cm Stärke, bestehend aus nicht gehäckseltem, frischem Gras, den elektrischen Strom in meßbarer Weise erst bei einer Spannung von 8000 Volt; andererseits hat die praktische Erfahrung gelehrt, daß die Leitfähigkeit der Pflanzen in den Elektrosilos nach Eintritt einer Temperatur von etwa 50^0 C, bei welcher die Pflanzen absterben und zusammensinken, auch bei normalen Gebrauchsspannungen von 120—210 Volt so groß wird, daß die alsdann auftretenden Stromstärken durch Sicherungen oder automatische Schalter begrenzt werden müssen.

Eine von den zahlreich angestellten Widerstandsberechnungen soll zur Erläuterung in der Tabelle 6 im Anhang beigefügt werden. Die Zahlen beweisen, daß der spezifische Widerstand von Roggen-Wickengemenge in diesem Falle von Beginn der Konservierung bis zur Beendigung derselben, d. h. im Verlaufe von 30 Stunden, von $102 \cdot 10^6$ auf $17 \cdot 10^6$ $Ohm \cdot \frac{mm^2}{m}$ herabgesunken war. Dementsprechend hatte sich die Stromstärke bei einer Spannung von rund 125 Volt von 4—23 Amp. erhöht. In der gleichen Zeit hatte sich die Futtermasse von 24—50^0 C erwärmt. Ein Ver-

---

[1]) Schweizer, Theodor, Dipl.-Landw.: „Die Futterkonservierung, ihr heutiger Stand unter besonderer Berücksichtigung von saftigen Futtermitteln mit elektrischem Strom", 1921, S. 29.

gleich der gefundenen Zahlen von Roggen-Wickengemenge mit dem spezifischen Widerstand von Kupfer zeigt, daß der Widerstand des Futters selbst bei 50° C noch um 10^9 mal größer ist als der des Kupfers. Für die praktische Beurteilung der Leitfähigkeit des Futters darf man aber nicht den für den spezifischen Widerstand geltenden Querschnitt von 1 qmm ins Auge fassen, sondern man muß mit den normalen Siloquerschnitten von 5 bis 15 qm, d. h. mit etwa dem 10^7 fachen Querschnitt rechnen. In vorliegendem Beispiele betrug der Gesamtwiderstand des Futterstockes zu Beginn der Silage (24° C) 32 Ohm und bei Beendigung der Konservierung (50° C) noch etwa 5 Ohm.

Bei der Beurteilung der Leitfähigkeit von Futter sind zu berücksichtigen: der Wassergehalt der Pflanzen, der Feuchtigkeitsgrad der Pflanzenoberfläche, die Dichtigkeit der Lagerung, die physiologische Beschaffenheit der Pflanzenoberfläche und der Zerkleinerungsgrad. Während die ersten drei Faktoren keiner näheren Erörterung bedürfen, weil es als selbstverständlich gelten kann, daß die Leitfähigkeit der Pflanzen um so größer ist, je größer der Wassergehalt der Pflanzen, je größer der Feuchtigkeitsgrad der Oberfläche und je fester die Packung des Futters ist, so müssen die beiden letzten Faktoren: der Einfluß der physiologischen Pflanzenoberfläche auf den Futterwiderstand und der Zerkleinerungsgrad des Futters kurz erörtert werden. Alle frischen Pflanzen besitzen auf Blatt- und Stengeloberfläche eine Schicht (Epidermis) bestehend aus Wachs, welche die Pflanzen vor äußeren Einflüssen schützt und gleichzeitig wärmeerhaltend wirkt; da Wachs bekanntlich ein schlechter elektrischer Leiter ist, so bieten frische Pflanzen dem Stromdurchgang einen hohen Widerstand. Beseitigt man die Wachsschichten, z. B. durch Erwärmung des Futters, d. h. durch Wegschmelzen, was durch Abwelken der Pflanzen geschehen kann, so wird die Leitfähigkeit des Futters wesentlich erhöht.

Der Widerstand von frischen Pflanzen läßt sich ferner dadurch erheblich vermindern, daß man die Pflanzen vor der Silage zerkleinert. In diesem Falle bilden die Wundflächen den Leitungsquerschnitt der Pflanzen und der elektrische Widerstand des Futters wird etwa im Verhältnis von Schnittwundflächen zu Epidermisflächen herabgesetzt, d. h. die Leitfähigkeit des Futters wächst um so mehr, je kleiner das Futter gehäckselt bzw. je gründlicher es gerissen wird. Stellt sich heraus, daß der Widerstand eines Futterstockes zu hoch ist, so läßt er sich durch Anfeuchten herabsetzen; er nimmt erheblich ab, wenn man dem Futter eine schwache Kochsalz- oder Viehsalzlösung beimischt. Ist man andererseits genötigt, stark regennasses Futter in die Behälter einzubringen, so besteht die Gefahr für das elektrische Verfahren, daß der Widerstand zu klein und die Anfangsstromstärke zu groß wird; in diesem Falle kann der Widerstand dadurch heraufgesetzt werden, daß man dem Futter trockenes Strohhäcksel zusetzt. Es mag aber darauf aufmerksam gemacht werden, daß ein solcher Strohzusatz dazu führen kann, daß durch die in den hohlen Strohhalmen befindliche Luft eine faulige Gärung im Futterstock erzeugt wird.

Nach diesen Auseinandersetzungen ergibt sich der Stromverlauf während der elektrischen Silage von selbst: Beim Einschalten wird je nach der bestehenden Leitfähigkeit des Futters ein mehr oder weniger starker Strom fließen, welcher dann allmählich infolge der Erwärmung des Futters und der damit zusammenhängenden Beseitigung der Wachsschichten auf den Pflanzen und der gleichzeitig vor sich gehenden Zusammensinterung des Futterstockes immer mehr anwächst und beim Eintritt des Zellenzerfalles, d. h. bei etwa 50^0 C, mit welchem ein Zusammensacken des Futters auf etwa zwei Drittel seines Volumens verbunden ist, sehr hohe Werte annimmt.

Es soll den Erörterungen des nächsten Abschnittes vorbehalten bleiben, alle diejenigen Mittel und Maßnahmen zu untersuchen, welche eine künstliche Regulierung der Stromstärke ermöglichen, ohne dabei auf eine Veränderung der Futterbeschaffenheit bzw. der Zusammensetzung des Futterstockes zurückzugreifen. Daß eine solche Regulierung für die Praxis gefordert werden muß, geht daraus hervor, daß die angegebenen Mittel zur Herabsetzung des Futterwiderstandes schon vor der Einfüllung des Futters in die Behälter angewendet werden müssen und nach der Einfüllung des Futters hauptsächlich nur noch das Mittel von Wasserzusatz zur Verfügung steht, welches aber mit Rücksicht auf die schädliche Wirkung von Wasser bei dem Gärungsprozeß nicht gerade empfehlenswert ist. Es mag an dieser Stelle darauf hingewiesen sein, daß die durch den Futterwiderstand erzeugte Futterstromwärme im ganzen Futterstock gleichmäßig auftritt, solange der Widerstand im Futterstock keine Verschiedenheiten aufweist. In dieser Erscheinung liegt eine große, wenn nicht überhaupt die größte Bedeutung, welche dem Futterstrom beizumessen ist.

Die vorstehenden Auseinandersetzungen über das Problem der elektrischen Leitfähigkeit von Futter führen zu dem Ergebnis, daß durch die Anwendung von Futterstrom eine sehr gleichmäßige Erwärmung des Futters erzielt werden kann, daß aber die Regulierung des Stromes infolge der unberechenbaren Veränderlichkeit des spezifischen Widerstandes der Futtermasse praktisch große Schwierigkeiten macht.

C. Verfahren mit elektrischen Futterkochern.

Zum Verständnis der nachstehenden auf die Verbesserung des Elfuverfahrens gerichteten Arbeiten sollen zunächst die Mängel angeführt werden, welche demselben anhaften und seiner praktischen Ausbreitung in der Landwirtschaft noch hinderlich sein können.

1. Die Elfusilos sollen aus besonders hergestellten Hohlsteinen ausgeführt werden. Das Verfahren läßt sich also vorläufig nicht auf gemauerte Erdgruben und vorhandene Gärkammern und Futtertürme anwenden.

2. Die Silowände müssen elektrisch isoliert sein. Eine gute Isolation der Silowände ist praktisch schwer zu erreichen; der bisher angewandte Isolierlack ist noch unvollkommen und beansprucht fortgesetzte Unterhaltung und Ausbesserung.

3. Die Stromstärke hängt hauptsächlich von dem Futterwiderstand ab und läßt sich praktisch nicht regulieren. Der Erfolg bei diesem Verfahren ist demnach auch in der Hauptsache von der Beschaffenheit des Futters abhängig.

4. In Drehstromanlagen sollen zur gleichmäßigen Belastung der Phasen drei Silos gleichzeitig im Betrieb sein. Zur Befolgung dieser Vorschrift müssen die drei Behälter auch gleichzeitig mit Futter gefüllt werden, wodurch der wirtschaftliche Betrieb beeinträchtigt wird; zudem besteht in mittleren und kleinen landwirtschaftlichen Anlagen kein Bedürfnis für die Beschaffung von drei Silos, vielmehr würde man in vielen Fällen in diesen Betrieben mit einem Silo auskommen.

5. Der Strom wächst gegen Beendigung der elektrischen Behandlung stark an und erreicht schließlich unzulässige Beträge, wenn er nicht rechtzeitig durch Handschalter, Sicherungen oder

automatische Schalter ausgeschaltet wird. Die mit dem Anwachsen der Stromstärke sich ergebenden hohen Energien bei diesem Verfahren übersteigen im allgemeinen die normale Leistungsfähigkeit der Transformatorenstationen in Ortsnetzen von Überlandzentralen. So würde sich z. B. unter Verwendung der Zahlen aus Tabelle 6 bei einem Siloquerschnitt von 15 qm mit gleichen Verhältnissen zum Schluß des Konservierungsprozesses eine Stromstärke von 70 Amp. bei 123 Volt entsprechend einer Leistung von rund 8,5 kW je Phase ergeben; bei gleichzeitiger Verwendung von drei Silos müßte also der Anschlußwert einer solchen Konsumstelle mit rund 25 kW in Ansatz gebracht werden.

6. Das Futter muß vor der Konservierung gehäckselt oder gerissen werden. Die Zerkleinerung des Futters erfordert erhöhte Betriebskosten für die Silage durch den Aufwand an Arbeitsenergie.

Für die Abstellung dieser Mängel wurden mehrere neue Konstruktionen, Schaltungen und Apparate ersonnen, welche während der Versuche bald nach der einen, bald nach der anderen Richtung hin einen Erfolg ergaben, schließlich aber zu der Ausbildung eines neuen Verfahrens mit Anwendung von Elektrizität führten, welches von dem Elfuverfahren wesentlich verschieden ist. Die nachfolgende Darstellung der Studien gibt die Reihenfolge der im Jahre 1922 angestellten Versuche nicht chronologisch wieder, sondern behandelt in drei Gruppen die Entwicklung derjenigen neuen Einrichtungen, welchen eine praktische Bedeutung zuzusprechen ist: die eine bezieht sich auf die Anwendung sog. Ringdorne, die zweite auf die Verwendung von sog. Schraubenelektroden und die dritte schließlich auf die Anwendung von elektrischen Futterkochern.

1. Versuche mit Metall- und Ringdornen.

Für die Elektrotechnik spielt zunächst die Lösung des Problems der Stromregulierung bei der elektrischen Futterkonservierung die wichtigste und zugleich interessanteste Rolle. Überlegt man die Möglichkeiten, welche zu einer Stromregulierung zu Beginn des Konservierungsprozesses führen können, so gibt es deren in der Hauptsache drei: Veränderung der Spannung, Veränderung der Länge des Stromweges oder Beseitigung der Widerstände aus Wachs Epidermis) durch Erwärmung des Futters. Die Veränderung der

34 Die elektrische Futterkonservierung.

Spannung scheidet aus Rentabilitätsrücksichten aus, weil hierfür kostspielige Reguliertransformatoren erforderlich sind. Die zweite Möglichkeit der Veränderung der Länge des Stromweges läßt sich auf zwei Arten erreichen, von denen die eine zu dem Verfahren mit Ringdornen, die andere zu dem Verfahren mit Schraubenelektroden geführt hat. Die dritte Möglichkeit endlich liegt dem Verfahren mit Futterkochern, und zwar bei eingeschalteter Futterstromleitung, zugrunde. Es ist selbstverständlich, daß der Leitungsweg nicht etwa dadurch verändert werden kann, daß man mehr oder

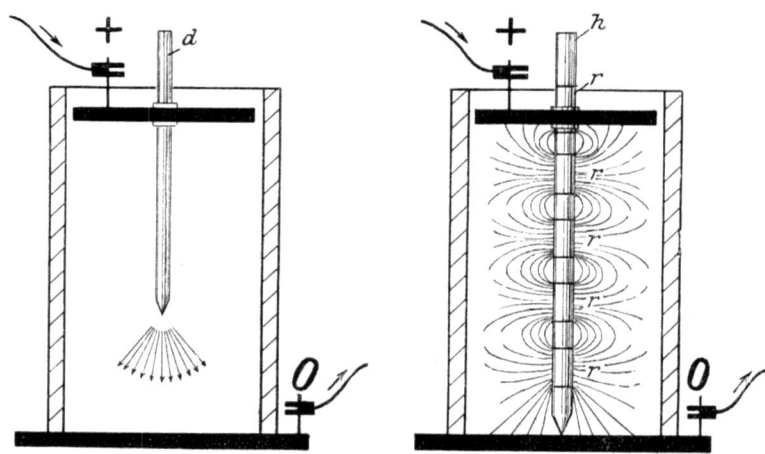

Abb. 4. Glassilo mit Metalldorn.   Abb. 5. Glassilo mit Ringdorn.

weniger Futter in den Silo bringt, sondern daß diese Regulierung jederzeit und unabhängig von der eingefüllten Futtermenge vor sich gehen muß, wenn sie praktische Bedeutung haben soll.

Abb. 4 zeigt in einem Schema den ersten Versuch, welcher die Stromregulierung durch Veränderung der Länge des Stromweges bezweckt. Das Gefäß mit Boden- und Deckelelektrode stimmt mit der Einrichtung eines Elfusilos überein. Der Versuch wurde mit einem der früher dargestellten Glassilos ausgeführt. Durch die Mitte des Deckels wurde ein spitzer Messingstab d (Dorn), und zwar in elektrischer Verbindung mit diesem, so in das Futter eingeführt, daß derselbe mit der Spitze bis auf 5 cm der Bodenelektrode genähert wurde. Bei Einschaltung der Leitung

(120 Volt Wechselstrom) zeigte sich, daß sofort ein meßbarer Strom von 0,3 Amp. durch das Futter floß, welcher in kurzer Zeit so stark anwuchs, daß durch die hierdurch bewirkte Erwärmung des Futters der Glaszylinder des Versuchssilos zersprang. Der Versuch mit dem Dorn wurde häufiger wiederholt, indem man die Entfernung der Dornspitze von der Bodenelektrode bei anwachsender Stromstärke durch allmähliches Herausziehen desselben vergrößerte. Es zeigte sich, daß auf diese Weise die Stromstärke

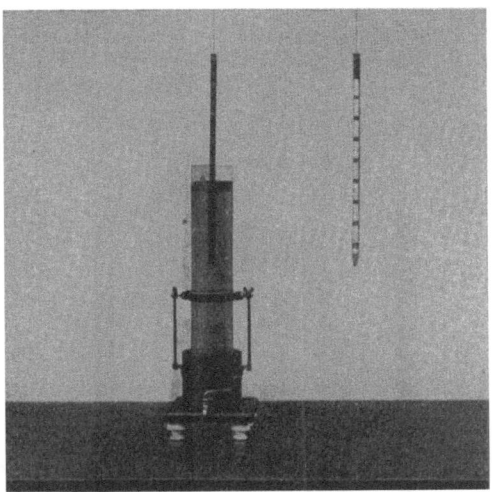

Abb. 6. Versuchsanordnung eines Glassilos mit Dorn.

auch während der Konservierung in praktischen Grenzen reguliert werden konnte.

Eine Verbesserung dieser Dornkonstruktion bestand darin, daß an Stelle des Metallstabes ein isolierter Stab (imprägnierter Holzstab) angewandt wurde, welcher mit Metallringen armiert war. Abb. 5 gibt die Anordnung eines solchen Ringdornes wieder. Der Isolierstab ist mit h, die aufgesetzten Metallringe sind mit r bezeichnet. Die Strombahnen sind durch dünne Linien angedeutet. In Abb. 6 ist der Versuch photographisch wiedergegeben, der Holzdorn mit Messingringen ist neben dem Silo gesondert dargestellt. Bei diesen Versuchen, welche ebenfalls mit

Glassilos durchgeführt wurden, wurde der Ringdorn bis auf die Bodenelektrode durchgestoßen. Nach Einschaltung der Leitung ergab sich ein sofortiger Stromdurchgang, welcher aber nicht wie bei dem ersten Versuch mit einem Metallstab sogleich anstieg, sondern längere Zeit konstant blieb und zur Folge hatte, daß das Futter in seiner ganzen Ausdehnung vom Boden bis zur Oberfläche gleichmäßig erwärmt wurde.

Um den großen Dimensionen der Futtersilos in der Praxis Rechnung zu tragen, wurde der Versuch mit dem Ringdorn da-

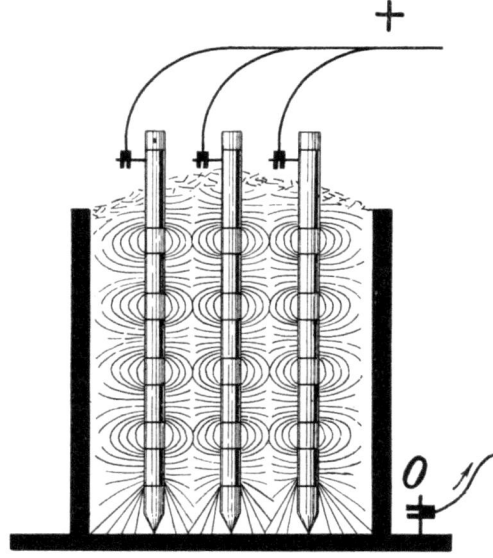

Abb. 7. Metallsilo mit mehreren Ringdornen.

durch erweitert, daß in einem größeren Versuchsbehälter mehrere solcher Stäbe in gleichen Abständen eingeführt wurden. Es zeigte sich, daß bei der Anwendung dieses Verfahrens auch von der Isolierung der Wandung und der Anordnung einer Deckelelektrode abgesehen werden konnte. In Abb. 7 ist der Versuch mit mehreren Ringdornen in einem Gefäß mit leitendem Boden und leitender Wandung schematisch dargestellt.

Wenn auch das so ermittelte neue Verfahren mit Ringdornen schon wesentliche Verbesserungen gegenüber dem Elfverfahren aufwies, welche besonders darin zu erblicken sind, daß sofort bei Einschaltung des Stromes ein meßbarer Stromdurchgang durch das Futter erzielt wurde und die Silowände leitend sein konnten, so machte doch die Regulierung der Stromstärke während der Konservierung durch allmähliches Herausziehen der Dorne Schwierigkeiten. Aus diesem Grunde wurde diese Lösung bei der Fortsetzung der Studien in größerem Maßstabe nicht weiter verfolgt.

2. Ausbildung von Schraubenelektroden.

Die Versuche, welche zu der Anwendung von Schraubenelektroden führten, gingen von dem Bestreben aus, in erster Linie

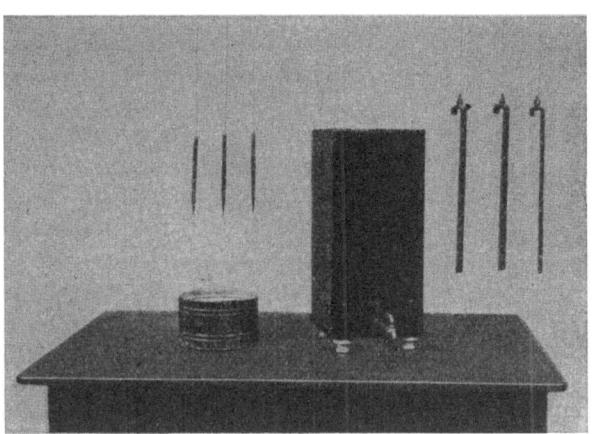

Abb. 8. Konservenbüchse und Versuchsholzsilo.

die Vorschrift der gleichzeitigen Verwendung von drei Silobehältern zu beseitigen und die drei Phasen einer Drehstromanlage in einem Konservierungsbehälter, und zwar mit leitenden Wandungen, ausnutzen zu können. Um die Möglichkeit einer solchen Anordnung zunächst experimentell darzutun, wurde eine gewöhnliche Konservenbüchse als Silo benutzt, wie sie in Abb. 8 links wiedergegeben ist. Als Futter diente wiederum Weißkohl. In die fest eingepackte Futtermasse wurden drei dünne Messingstäbe in Anordnung eines gleichseitigen Dreiecks so weit eingelassen, daß sie noch etwa 3 cm von dem Boden entfernt waren.

Die drei Stäbe wurden dann mit den drei Phasen der Drehstromzuleitung (210 Volt Phasenspannung) verbunden, während die Konservenbüchse, d. h. Boden und Wandung, an den Nulleiter angeschlossen war. Da dieser Versuch insofern ein befriedigendes Ergebnis hatte, als mit Zusatz von dünner Kochsalzlösung nach kurzer Zeit das Futter auf 50° C gleichmäßig erwärmt werden konnte, so wurden die Versuche mit drei Polen in einem Behälter in größerem Maßstabe wiederholt. Hierzu dienten die schon früher genannten Betonbottiche, deren innere Wandungen zum Anschluß an den Nullpol der elektrischen Leitung mit einem einfachen Eisendrahtgeflecht belegt und mit einem dünnen Zementstrich glatt verputzt waren. Es mag noch erwähnt sein, daß der in Abb. 8 rechts dargestellte viereckige Versuchssilo aus Holz mit drei an den Innenwänden aufgehängten Elektroden keine Verbesserung der Verhältnisse ergab. Abb. 9 zeigt eine Aufsicht der Versuchsanordnung mit drei Stäben I, II, III in einem runden Bottich. Bei den auf diese Weise ausgeführten Versuchen trat wider Erwarten eine Erscheinung auf, welche zunächst für die Anwendung der Stabelektroden günstig aussah, bei näherer Überlegung aber als ein empfindlicher Nachteil angesehen werden mußte.

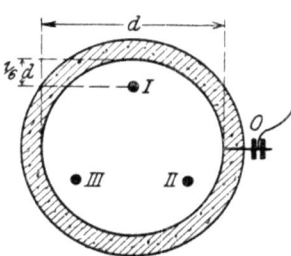

Abb. 9. Aufsicht eines Betonbottichs mit drei Elektroden.

Im Gegensatz zu dem Stromverlauf bei dem Elfuverfahren entwickelte sich nämlich der Strom bei Verwendung der drei Stabelektroden nur bis zu einer gewissen Stärke (bei 210 Volt bis 5 Amp.) und fiel dann plötzlich bis auf etwa Null ab. Es schien zunächst so, als wenn diese selbsttätige Ausschaltung vorteilhaft ausgenutzt werden könnte, um der Entwicklung des Stromes bis auf unzulässige Stärken ohne Anwendung von Schaltern und Sicherungen vorzubeugen. Bei den zahlreichen Versuchen, welche diese Erscheinung klarstellen sollten, ergab sich aber, daß die Ausschaltung in den meisten Fällen zu frühzeitig einsetzte, nämlich bevor das Futter fertig behandelt war. Die weiteren Studien waren demgemäß auf Abstellung dieses Übelstandes gerichtet. Die Ursache für die Selbstausschaltung war darin zu erblicken, daß die Kontaktflächen der Stabelektroden mit dem Futter, welche den Stromübergang vermittelten, zu klein waren und daß infolgedessen an den Stabelektroden ein erheblicher Übergangswiderstand mit hoher Stromdichte auftrat, welcher zu rascher Erwärmung des Futters an diesen Stellen und schließlich zur Austrocknung desselben in der Nähe der Stäbe führte. Diese Austrocknung des Futters in der Umgebung der Stabelektroden hatte dann naturgemäß die Unterbrechung des Stromes zur Folge.

Nachstehende Rechnung beweist, in welchem Ausmaß durch Anwendung der drei Stabelektroden die Kontaktflächen gegenüber der Plattenanordnung bei dem Elfuverfahren herabgesetzt worden waren. Der Außendurchmesser der verwendeten Elektrodenstäbe betrug 34 mm. Bei einer Futterschicht von etwa 2 m, wie sie bei einem hierfür angesetzten Versuch vorlag, wurden die Stäbe 2 m lang gemacht, wobei aber zu berücksichtigen ist, daß die Stäbe nicht ganz bis auf den Boden gestoßen wurden, sondern noch etwa 10—20 cm Spiel hatten. Die Kontaktoberfläche eines Stabes, der also etwa 1,80 m im Futter steckte, betrug demnach rund 1700 qcm; demgegenüber bieten im Falle der Plattenanordnung nach dem Elfuverfahren bei dem gewählten Gefäß einer quadratischen Grube von 3,5 × 3,5 qm die Deckel eine Kontaktoberfläche von rund 120000 qcm, d. h. etwa die 70fache Fläche. Berücksichtigt man, daß bei der dreiphasigen Stabanordnung in einem Silo für die gleiche Leistung nur ein Drittel der Stromstärke wie bei der einphasigen Plattenanordnung benötigt wird, so bleibt ein Verhältnis der Kontaktflächen von Elektrodenstäben zu Platten wie rund 1 : 20. Rechnet man bei dem Elfuverfahren mit einer Maximalstromstärke von 60 Amp. und demgemäß unter Zugrundelegung gleicher Leistung bei Anwendung von drei Elektroden in einem Behälter mit einer solchen von 20 Amp., so beträgt die Stromdichte an den Deckeln des Elfubehälters nur 0,5 Milliamp. pro qcm, während die Stromdichte an den Elektrodenstäben 12 Milliamp. ergibt.

Sollte das Verfahren mit Stabelektroden praktische Bedeutung erlangen, so mußte zunächst für eine Vergrößerung der Kontaktoberfläche Sorge getragen werden. Die einfachste Lösung bestand in der Ausbildung der Stabelektroden zu Zylindern mit entsprechend großen Durchmessern. Sollte unter Zugrundelegung gleicher Leistungen die Kontaktfläche der Stäbe derjenigen der Deckel bei der Plattenanordnung entsprechen, so mußte der äußere

Durchmesser eines Stabes etwa 170 mm betragen, d. h. rund fünfmal so stark sein wie die bisher verwendeten. Da sich aber schon die Stäbe von 34 mm Außendurchmesser nur mit Aufwand großer Kraft in den Futterstock eintreiben ließen, so mußte es als ausgeschlossen gelten, noch stärkere Stäbe hierfür zu benutzen. Wollte man dennoch mit solchen weiterarbeiten, so war man gezwungen, auf eine ortsfeste Anordnung derselben im Silo überzugehen. Diese Anordnung würde aber eine gute Isolierung der Stabbefestigung am Siloboden erforderlich machen und daher hohe Anschaffungskosten verursachen. Außerdem ist klar, daß die stationäre Anordnung der Elektroden die Beschickung der Silos sehr erschweren würde und daß auch die Metallstäbe infolge dauernden Verbleibens in dem eingesäuerten Futter von den Säuren angegriffen und in kurzer Zeit erneuerungsbedürftig würden. Voraussetzung für die weitere Ausgestaltung des Verfahrens mußte deshalb sein, daß die bewegliche Anordnung der Elektrodenstäbe bestehen blieb, so daß sie nach Füllung des Futterbehälters in die Futtermasse eingebracht und nach beendeter elektrischer Silage wieder entfernt werden konnten.

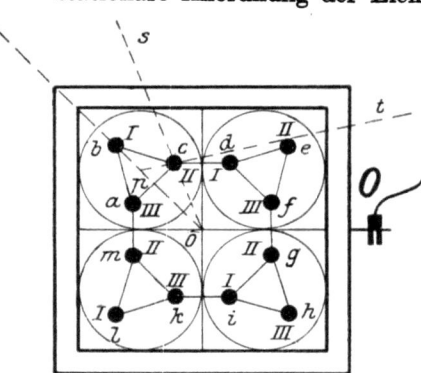

Abb. 10. Aufsicht eines quadratischen Silos mit 12 Elektroden.

Eine andere Möglichkeit, die Kontaktoberfläche bei Anwendung von Stabelektroden zu vergrößern, bestand darin, daß man die Stabzahl für jede Elektrode vermehrte. In Abb. 10 ist ein Ausführungsbeispiel für die Anordnung von 4 Stäben je Pol (insgesamt 12 Stäbe) in einer quadratischen Grube dargestellt. Bei der Verwendung mehrerer Stäbe für jeden Pol war es natürlich notwendig, die Abstände der Elektroden ungleichnamiger Polarität gleich zu gestalten, damit auch bei dieser Anordnung eine gleichmäßige Belastung aller drei Phasen sichergestellt wurde. Eine nach dieser Richtung hin brauchbare Verteilung der Stäbe ergibt sich, wenn man sich den quadratischen Silo, wie in der Abbildung mit dünnen Linien angedeutet ist, in vier einzelne

Quadrate aufteilt und an Stelle jedes dieser vier kleinen Quadrate einen kreisrunden Behälter einsetzt. In jedem kreisrunden Behälter werden alsdann 3 Stabelektroden im gleichseitigen Dreieck angeordnet und es kommt nun nur darauf an, die Dreieckseiten so zu bemessen, daß die benachbarten Elektroden zweier aneinander stoßender Kreise ebensoweit voneinander entfernt sind wie die 3 Elektroden in einem Kreis unter sich. Die mathematische Lösung dieser Aufgabe ist in Abb. 10 angedeutet: Die drei Phasen sind mit I, II, III bezeichnet. △ a b c, △ d e f, △ g h i und △ k l m sind gleichseitige Dreiecke. Das Vieleck a c d f g i k m ist ein gleichseitiges Achteck. Als geometrische Orte für die Bestimmung des Punktes c zum Beispiel dienen die Linien o s und p t, auf deren Schnittpunkt c liegen muß. Damit sind zugleich alle übrigen 11 Punkte gegeben. Die Berechnung ergibt für das Verhältnis der Stababstände zur Seite des Quadrats den abgerundeten Wert von 0,236. Durch die Vervierfachung der Stabzahl wurde die Kontaktoberfläche für jede Phase ebenfalls vervierfacht, und es war bei dieser Mehrstäbeanordnung unter Zugrundelegung der gleichen Grube wie beim vorigen Beispiel das Verhältnis der Kontaktoberfläche von Schraubenelektroden zur Plattenanordnung auf 1 : 5 herabgesetzt worden. Bei einem mit dieser Mehrstäbeanordnung angesetzten größeren Versuch zeigte sich aber, daß auch die so erweiterte Kontaktoberfläche die Selbstausschaltung noch nicht verhütete.

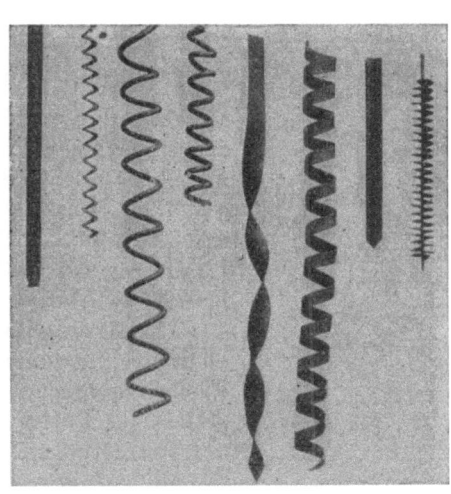

Abb. 11. Elektrodenkonstruktionen.

Es galt also eine Stabform zu konstruieren, bei welcher die Oberfläche der Elektrode gegenüber der Zylinderform wesentlich vergrößert wurde und welche es dennoch zuließ, die Elektrode bequem in die kompakt geschichteten Futtermassen eines Silos einzubringen. Es wurde eine Anzahl von Elektrodenformen entworfen und zur Lösung dieses Problems hergestellt, welche in Abb. 11 von links nach rechts zur Darstellung gebracht sind. Die erste Form eines Gesteinsbohrers ließ sich nicht in das Futter einbringen; die Herstellung des Korkziehers aus schmalem Flacheisen bereitete erhebliche Fabrikationsschwierigkeiten; die alsdann hergestellten Rohrschnecken, und zwar in großer und kleiner Ausführung, zerwühlten beim Eindrehen das Futter derart, daß sie als unbrauchbar beiseite gelegt werden mußten; der aus Flacheisen gedrehte Kreuzbohrer ließ sich nicht ins Futter eindrehen. Die zylindrische Flacheisenschnecke verbog sich beim Eindrehen ins Futter; schließlich war der Spieß mit sternförmigem Querschnitt nur mit aller Gewalt auf etwa $1/2$ m in das Futter einzutreiben. Die in der Abbildung an letzter Stelle rechts dargestellte Schnecke aus Eisenblech, ähnlich einer Transportschnecke, ergab sich schließlich als eine gute und brauchbare Lösung. Die Fabrikation dieser Schnecken- bzw. Schraubenform wurde in der Weise von vornherein für die Massenherstellung eingerichtet, daß, wie die Abb. 12 zeigt, runde Scheiben ausgestanzt und mit Hilfe von entsprechend geformten Matrizen in einen Gewindegang gepreßt wurden. Die so erhaltenen Scheibenstücke wurden zusammengeschweißt und auf diese Weise die Schraubenelektrode nach Abb. 13 hergestellt.

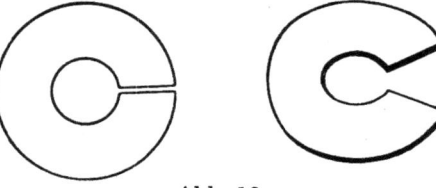

Abb. 12.
Schneckengang für Schraubenelektrode.

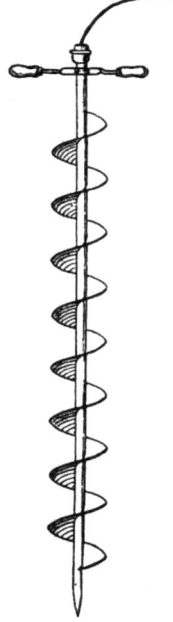

Abb. 13.
Schraubenelektrode.

Bei den Versuchen mit der Schraubenelektrode zeigte sich, daß dieselbe mit Leichtigkeit in jedes Futter eingeschraubt werden konnte und daß bei Anwendung einer Mehrzahl von Elektroden für jede Phase eine hinreichende Kontaktoberfläche für den Stromdurchgang geschaffen war, so daß die selbsttätige Ausschaltung unterblieb. Auch die Regulierung des Futterwiderstandes wurde bis zum gewissen Grade dadurch ermöglicht, daß die Abstände der Schraubenelektroden durch Vermehrung oder Verringerung der Zahl dieser Elektroden in einem Behälter verändert werden konnten. Diese Art der Stromregulierung stellte aber keineswegs schon eine für die Praxis brauchbare Lösung des Problems dar. Das Verfahren bedurfte also einer weiteren Vervollkommnung, welche erst durch die Konstruktion des elektrischen Futterkochers erreicht wurde.

3. Verfahren mit elektrischen Futterkochern.

a) Futterkocher mit Futterstromleitung.

Die Konstruktion des elektrischen Futterkochers hat sich aus den Versuchen entwickelt, welche dazu dienen sollten, den Einfluß einer künstlichen Erwärmung des Futterstocks ohne Futterstrom klarzustellen. Da Futterpflanzen außerordentlich schlechte Wärmeleiter sind, so war es nicht angängig, das Futter durch Heizen der Behälterwandungen zu erwärmen. Ein auf diese Weise ausgeführter Versuch ergab ein Verbrennen des Futters an den Wandungen, jedoch kaum eine Erwärmung in der Mitte des Silos. Wollte man also dem ganzen Futterstock gleichmäßig künstliche Wärme zuführen, so blieb nichts anderes übrig, als diese Wärme durch zahlreiche Heizkörper, welche über die Futtermasse verteilt waren, in dieselbe einzuführen. Hierfür bot die Anwendung von Elektrizität geeignete Mittel und Wege. Es wurden elektrische Heizstäbe konstruiert; ein solcher Heizstab bestand in seiner ersten Form aus einem Gasrohr mit eingebautem Heizwiderstand und einem durchlöcherten Mantelrohr, welches dazu diente, die Wärmeabgabe von dem Heizrohr an das Futter zu vermitteln. Die Heizstäbe besaßen an dem einen Ende eine Spitze, so daß sie sich in die Futtermasse einstoßen ließen. Der Gedanke, diese Heizstäbe als Vorschaltwiderstände bei der Anwendung der Schraubenelektroden zu benutzen, um auf diese Weise einerseits eine praktische Stromregulierung zu erreichen, andererseits die hierbei in Wärme umgesetzte elektrische Energie für den Konservierungsprozeß nutzbar zu machen, führte dazu, die Konstruktion der Heizstäbe so zu verbessern, daß sie praktisch einwandfrei funktionierten. Es zeigte sich, daß eine solche Konstruktion dadurch gegeben war, daß man in das Rohr der Schraubenelektroden einen elektrischen Heizwiderstand einführte. Die so entstandenen Elektrowärmer zeichneten sich durch eine gleichmäßige Wärmeabgabe an das Futter aus, eine Erscheinung, welche der Schnecke zuzuschreiben war, die ähnlich wie die Rippen von Heizkörpern wirkte. Die Temperaturen an solchen Elektrowärmern, welche bei einer Länge von 1,80 m für rund 400 Watt Leistung gebaut wurden, stiegen nicht höher als 60—70° C. Bei dieser Temperatur tritt noch kein Verbrennen des Futters ein; sie genügt andererseits, um das erforderliche Temperaturgefälle für die Fortleitung der Wärme durch das Futter sicherzustellen.

Die Elektrowärmer wurden zunächst als Vorschaltwiderstände bei den Versuchen mit den Schraubenelektroden benutzt. Bald stellte es sich aber als zweckmäßig heraus, dieselben zu Beginn einer Silage als reine Heizstäbe und erst im Verlaufe derselben als Vorschaltwiderstände zu benutzen. Auf diese Weise erreichte man nämlich, daß sofort nach Beginn des Silagebetriebes, und zwar ganz unabhängig von dem elektrischen Widerstand der Futtermasse, die Erwärmung des Futterstockes durch die Elektrowärmer einsetzte und den Konservierungsprozeß einleitete. Zugleich wurde aber der elektrische Futterwiderstand durch die Erwärmung und durch das damit verbundene Fortschmelzen der Wachsschichten auf den Pflanzenoberflächen so rasch herabgemindert, daß schon in kurzer Zeit nach Einschaltung des Stromkreises ein kräftiger Strom durch das Futter floß. Hiermit war also die bei der Besprechung der Versuche mit den Ringdornen angegebene dritte Möglichkeit der Stromregulierung durch Erwärmung des Futters zu Beginn eines Silageprozesses ausgenutzt. Durch die kombinierte Anordnung der Elektrowärmer mit den Schraubenelektroden konnte das Problem der Regulierung des Futterstromes praktisch als gelöst gelten, weil sich der Widerstand der Futterpflanzen durch Anwendung der Elektrowärmer beliebig herabsetzen und die Stromstärke des Futterstockes durch Verwendung der Elektrowärmer als Vorschaltwiderstände hinreichend begrenzen läßt. Der

Schritt von dieser Kombination zu der endgültigen Lösung der gestellten Aufgabe durch Konstruktion des elektrischen Futterkochers war bald getan. Abb. 14 gibt die Einrichtung des elektrischen Futterkochers, und zwar in zwei Exemplaren, schematisch wieder. Mit a ist ein Metallrohr im Querschnitt bezeichnet, welches unten eine Spitze hat. Die aufgesetzte Schnecke ist in der Abbildung fortgelassen. Im Innern des Rohres ist ein Heizwiderstand untergebracht, welcher aus zwei gleichen Teilen

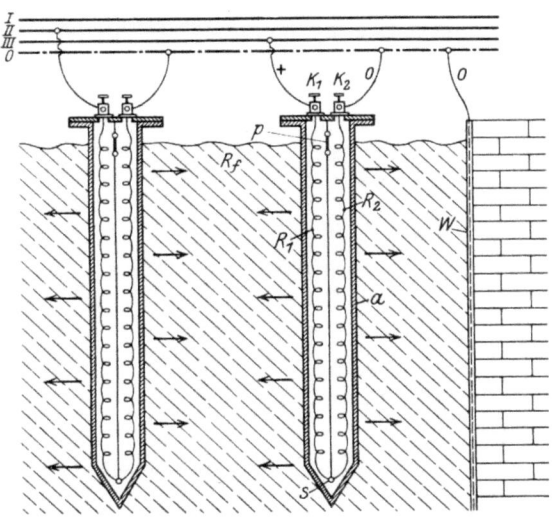

Abb. 14. Schematische Darstellung von zwei Futterkochern mit eingeschalteter Futterstromleitung im Betrieb.

R_1 und R_2 besteht, die hintereinander geschaltet sind. Die Enden des Widerstandes sind mit den Klemmen k_1 und k_2 verbunden, durch welche der Anschluß an die Leitung erfolgt. Von der Mitte des Widerstandes im Punkt s führt eine Verbindungsleitung zu der metallischen Wandung des Apparates; diese Verbindungsleitung kann durch eine Klemmvorrichtung p gelöst werden. In der Abbildung ist ferner mit W die leitende Oberfläche der Silowandung und mit R_f der Widerstand der Futtermasse bezeichnet. Der linke Futterkocher ist zwischen Phase 2 und Nulleiter, der andere Futterkocher zwischen Phase 3 und Nulleiter geschaltet und die

46   Die elektrische Futterkonservierung.

elektrisch leitende Wandung des Gefäßes mit dem Nulleiter verbunden. Nimmt man an, die Verbindungsleitung von s mit den Wandungen der Futterkocher wäre, wie in der Abbildung dargestellt, geschlossen, dann vollzieht sich bei Einschaltung der Anlage folgender Stromverlauf: Zu Beginn der Konservierung fließt der Strom fast ausschließlich von den Phasen durch die hintereinander geschalteten Widerstände R_1, R_2 zum Nulleiter der Anlage, weil der hohe Futterwiderstand eine Abzweigung des Stromes von s über die Wandungen der Kocher durch das Futter zur Silowand bzw. zu benachbarten Apparaten verhindert. Die Futter-

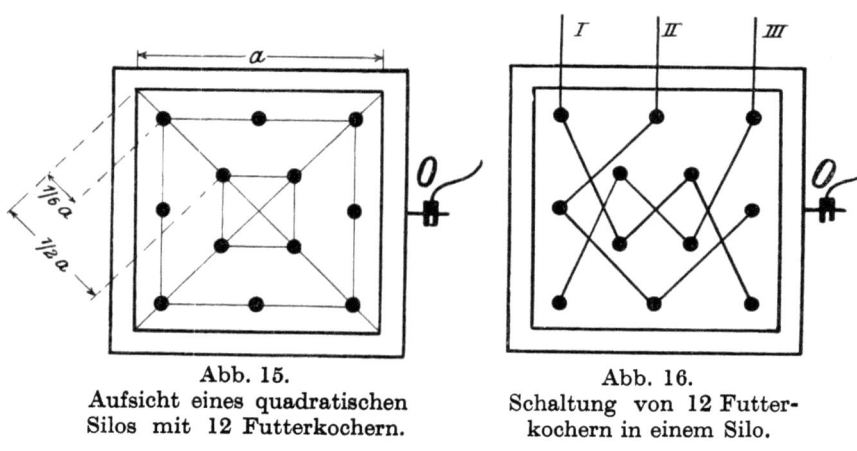

Abb. 15.
Aufsicht eines quadratischen Silos mit 12 Futterkochern.

Abb. 16.
Schaltung von 12 Futterkochern in einem Silo.

kocher wirken demnach in diesem Stadium des Konservierungsprozesses nahezu als reine Elektrowärmer. Durch die sofort einsetzende künstliche Erwärmung des Futters verlieren die Pflanzen sehr bald ihre Wachsoberflächen und nehmen schnell an Leitfähigkeit zu. Das zweite Stadium des Konservierungsprozesses mittels dieser Futterkocher ist dadurch gekennzeichnet, daß immer noch ein Teil des Stromes durch den Widerstand R_2 zum Nullpol der Anlage zurückfließt, daß aber ein anderer Teil des Stromes sich von s aus abzweigt und seinen Weg über die Wandungen der Futterkocher durch das Futter zur Silowand bzw. zum benachbarten Futterkocher nimmt. Das dritte Stadium des Prozesses wird dadurch charakterisiert, daß durch starke Verminderung des Futterwiderstandes infolge der Erwärmung der größte

Teil des Stromes seinen Weg von s aus durch das Futter nimmt, während nur noch geringfügige Ströme durch den Widerstand R_2 zurückfließen. Der Futterkocher vereinigt also in einem Apparat Elektrowärmer, Vorschaltwiderstand und Schraubenelektrode.

Die Stromstärke zwischen Phase und Nulleiter wird in ihrem Verlaufe durch folgende Werte begrenzt: der Anfangsstrom bei $R_f = $ rd. ∞ beträgt $J_a = \dfrac{E}{R_1 + R_2}$; die maximale Stromstärke für $R_f = $ rd. 0 könnte betragen $J_e = \dfrac{E}{R_1}$. Wird also $R_1 = R_2$ ge-

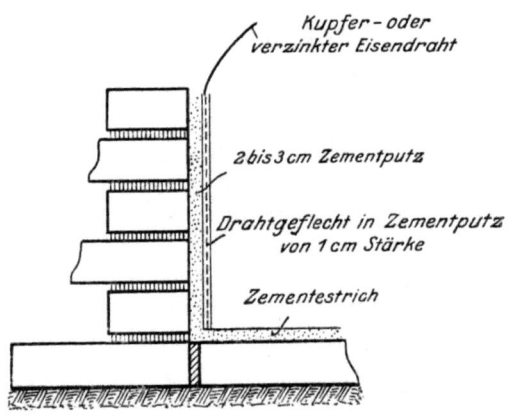

Abb. 17. Wand- und Bodenquerschnitt eines Silos mit elektrisch leitender Wandung.

macht, so betragen die maximalen Stromschwankungen höchstens 1:2, womit der Stromverlauf praktisch hinreichend eingegrenzt werden kann.

Die Abb. 15 und 16 veranschaulichen die Verteilung und die Schaltung von 12 Futterkochern mit eingeschaltetem Futterstrom in einem quadratischen Silo für den Fall, daß auf jeden Futterkocher ein möglichst gleiches Futterquantum entfällt. Die frühere Vorschrift bei den Schraubenelektroden, den Abstand derselben gleichzumachen, spielt bei der Anwendung dieser Futterkocher keine so große Rolle mehr, weil durch die eingebauten Vorschaltwiderstände die Stromstärken begrenzt sind. Die für die praktischen Versuche mittels der Futterkocher mit

Futterstrom benutzten Erdgruben erhielten einen Drahtgeflechtbelag auf der inneren Wandung, welcher mit dem Nullpol des elektrischen Leitungsnetzes verbunden wurde. Die Bauweise eines solchen Silos ist durch die Abb. 17 dargestellt. Im übrigen wurden die Silos durch Zementverputz an den Innenwandungen möglichst wasser- und luftdicht ausgeführt.

b) Futterkocher ohne Futterstromleitung.

Die während der Arbeiten von verschiedenen Seiten zum Ausdruck gebrachten Vermutungen, daß der Einfluß des elektrischen Stromes auf den Gärungsprozeß kein direkter, sondern lediglich ein durch die Wärmeerzeugung hervorgerufener indirekter wäre, gaben Veranlassung, durch einige Parallelversuche diese Frage zu prüfen. Diese Versuche wurden so durchgeführt, daß unter gleichen Verhältnissen das Futter des einen Silos mit Futterkochern und eingeschaltetem Futterstrom, das Futter des anderen Silos dagegen mit Futterkochern und ausgeschaltetem Futterstrom behandelt wurde. Im ersten Falle konnte also der elektrische Strom direkt auf die Bakterientätigkeit einwirken, im zweiten Falle trat dagegen im Futter lediglich eine künstliche Erwärmung durch elektrische Heizung auf. Leider konnten bakteriologische Untersuchungen nicht vorgenommen werden, weil nicht genügend Mittel hierfür zur Verfügung standen, sondern man mußte sich damit begnügen, nach der Sinnenprüfung und nach der Aufnahme des Futters durch Tiere die Güte der Futtererzeugnisse zu beurteilen. Es sei hier bemerkt, daß eingesäuertes Futter nach Farbe, Geruch und Struktur ziemlich gut beurteilt werden kann. Die Farbe von gutem Süßfutter soll hellgrün bis braun sein, der Geruch brot- oder honigartig, und es soll die Struktur der frischen Pflanzen erhalten sein. Da bei den Parallelversuchen ein Unterschied in den Ergebnissen nach den vorgenannten Kriterien, namentlich in bezug auf die Aufnahme des Futters bei den Tieren, nicht zu verzeichnen war, so ging man dazu über, bei den weiteren Versuchen die Futterkocher lediglich mit ausgeschaltetem Futterstrom zu verwenden. Dieses Vorgehen fand auch durch die inzwischen veröffentlichten Ergebnisse und Forschungen von Scheunert, welche im II. Teil behandelt worden sind, zutreffende Begründung. Da der Einfluß der Elektrizität auf das Leben der Bakterien im II. Teil ausführlich erörtert worden ist, so erübrigt sich ein weiteres Eingehen hierauf an dieser Stelle. Die Vorteile, welche sich aus der Ausschaltung des Futterstromes bei Verwendung der Futterkocher ergaben, sind besonders für die praktische Einführung dieses Verfahrens hoch zu veranschlagen: es erübrigen sich nämlich jegliche Sondervorrichtungen an den Futterbehältern, so daß alle vorhandenen Gruben, Gärkammern, Silos ohne weiteres für diese Zwecke benutzt und die Neubauten ausschließlich den Entwürfen des Architekten überlassen werden können; das Futter kann während der elektrischen Silage jederzeit ohne Ausschaltung des Stromes betreten werden, da es keine Elektrizität mehr leitet. Die Schaltung vereinfacht sich für den Anschluß der Futterkocher dadurch wesentlich, daß dieselbe nicht anders vorgenommen wird als bei dem Anschluß von Motoren und Lampen; schließlich kann auf das Zerkleinern des Futters vor der Silage gänzlich verzichtet werden, sofern sich dasselbe nicht bei besonders sperrigem Material aus Gründen der besseren Packung empfiehlt.

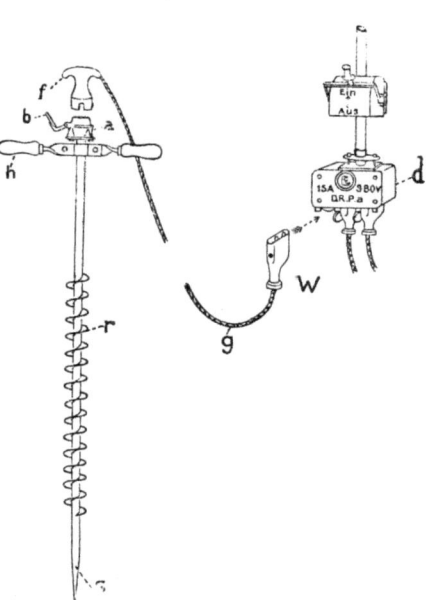

Abb. 18. Futterkocher mit Zubehör.

Es braucht nicht erwähnt zu werden, daß die Futterkocher und die Zubehörteile nach den Vorschriften des Verbandes Deutscher Elektrotechniker so konstruiert werden mußten, daß sie den Anforderungen der Praxis entsprachen und von jedem Laien bedient werden konnten. Abb. 18 zeigt einen fertig konstruierten Futterkocher mit Zubehör. Der Futterkocher ist mit s, die Schnecke mit r, der Handgriff zur Bedienung mit h, die Steckdose mit a, ein federnder Deckel zum Abschluß der Steckdose mit b bezeichnet; ferner ist die mit einem Gummischlauch armierte bewegliche

Leitung mit g, der Stecker für den Futterkocher mit f und der Stecker für den Wandanschluß mit w bezeichnet; der dreipolige Wandanschluß nebst dreipoligem Hebelschalter trägt das Zeichen d. Bemerkt sei, daß die Futterkocher bisher in einer Länge von 1,50—2 m und für eine Leistung von 400 Watt für die Versuche hergestellt worden sind.

Abb. 19 gibt ein Schaltbild für den Anschluß von 15 Futterkochern in einem Silo wieder; selbstverständlich werden die

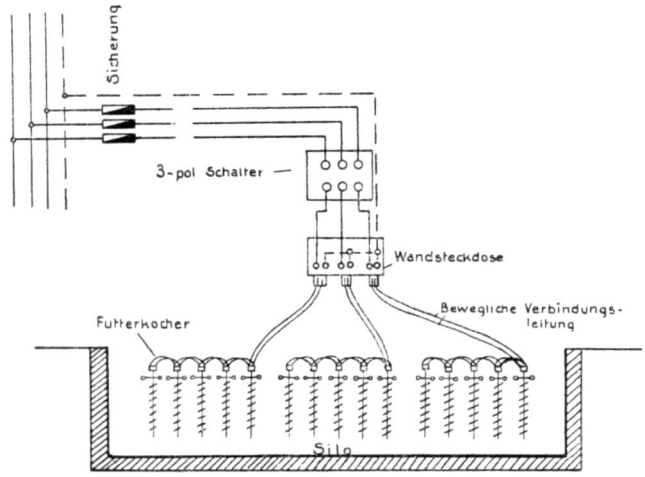

Abb. 19. Schaltbild für den Anschluß von 15 Futterkochern in einem Silo.

Futterkocher nicht, wie in dem Schaltbild dargestellt, in einer Reihe nebeneinander, sondern vielmehr gleichmäßig verteilt über die Futteroberfläche in das Futter eingebracht. Eine besondere Vorschrift für das Einschrauben der Futterkocher ohne Futterstrom ist unnötig, weil sich ihre richtige Anordnung in dem Futter aus dem Verwendungszweck von selbst ergibt.

Zur Veranschaulichung der praktischen Anwendung des neuen elektrischen Verfahrens mit Futterkochern ohne Futterstrom mögen die Abb. 20—29 dienen. Die Abb. 20—23 stellen verschiedene Bauformen von Silogruben in ihren Querschnitten dar, Abb. 24 zeigt die photographische Wiedergabe von drei nebeneinanderliegenden quadratischen Gruben mit Überdachung;

Verfahren mit elektrischen Futterkochern.

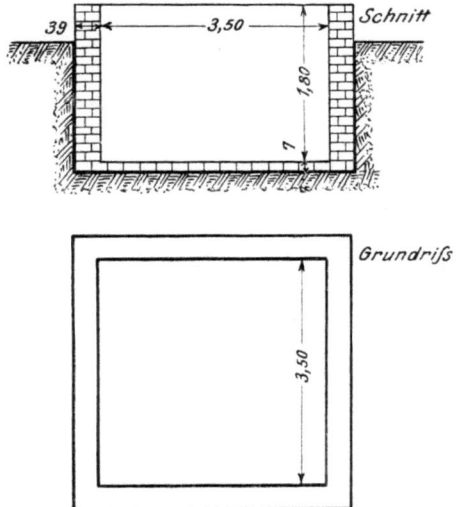

Abb. 20. Quadratische Grube.

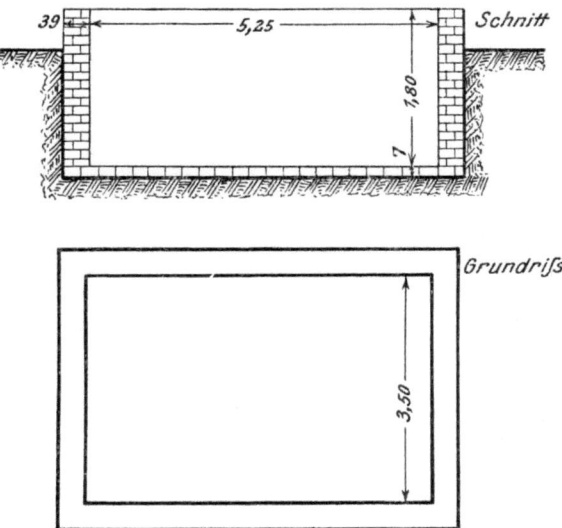

Abb. 21. Rechteckige Grube.

52　Die elektrische Futterkonservierung.

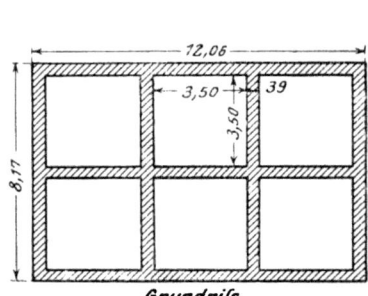

Abb. 22. Sechsfache Grube.

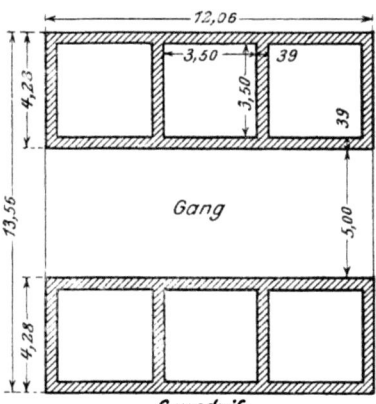

Abb. 23. Sechsfache Grube mit Durchfahrt.

Abb. 24. Drei Gruben nebeneinander.

Abb. 25—29 veranschaulichen das Füllen einer Grube sowie das Einschrauben und Anschließen der Futterkocher; schließlich

Abb. 25. Füllen einer Grube.

Abb. 27. Futterkocher vor der Verwendung.

zeigen die Abb 30 und 31 noch eine zweckmäßige Form für hochgebaute Silos mit Anwendung der Futterkocher.

Über den Arbeitsvorgang bei der Silage mit dem elektrischen Futterkocher ist kurz folgendes zu sagen: Das Futter wird ungehäckselt in den Behälter eingeworfen und von ein bis zwei Leuten gleichmäßig verteilt; es ist dabei darauf zu achten, daß

Abb. 29. Einschrauben eines Futterkochers in den Futterstock.

das Futter an den Silowandungen gut festgetreten wird, während es im übrigen so locker bleibt, wie das Einfüllen es ergibt. Die Silage mit den Futterkochern wird in Schichten von 2 m vorgenommen. Ist eine Schicht eingefüllt, so empfiehlt es sich zunächst, die Oberfläche der Schicht entweder mit einer ca. 5 cm dicken Spreuschicht oder mit Säcken u. dgl. abzudecken, um jedes Entweichen der Wärme durch Verdunstung während des Silage-

Abb. 30. Ansicht von zwei in einem Bau vereinigten Silos.

Abb. 31. Veranschaulichung einer Futterkocheranlage in einem Silo.

prozesses möglichst zu unterbinden. Alsdann werden die Futterkocher, und zwar 1—1½ Kocher auf 1 qm, eingeschraubt und an die Leitung angeschlossen. Für die in Abb. 20 dargestellte Grube benötigt man also etwa 15 Futterkocher und eine Leistung von 6 kW; für die Grube in Abb. 21 werden etwa 20 Futterkocher mit einer Leistung von 8 kW benötigt. Die Querschnitte von hochgebauten Silos betragen meist 10—15 qm, so daß für diese 15 bis 20 Futterkocher und Leistungen von 6—8 kW zur Verfügung stehen müssen. Nach Einschaltung des Stromes wird die Temperatur des Futters von Zeit zu Zeit mit einem Thermometer gemessen. Diese Messung erübrigt sich für jeden, welcher die Silage mehrmals mitgemacht hat; man kann bei einiger Erfahrung die Beendigung des Gärungsprozesses durch den Geruch und durch Befühlen des Futters mit der Hand konstatieren. Unter Umständen empfiehlt es sich bei Anwendung von einem Futterkocher pro Quadratmeter, die Futterkocher während der Silage einer Schicht einmal umzustecken; es hat sich bei praktischen Versuchen als zweckmäßig herausgestellt, in solchen Fällen sämtliche Futterkocher zu Beginn der Silage schräg von außen nach der Mitte des Futterstockes einzuschrauben und dieselben, nachdem der Futterstock in der Mitte die Temperatur von 50^0 C erreicht hat, so umzustecken, daß sie nunmehr schräg von der Mitte des Futterstockes nach außen geführt sind. Der Neigungswinkel, unter welchem die Futterkocher bei solchem Verfahren zur Horizontale stehen, sollte nicht kleiner als 70—60^0 sein. Nach Beendigung der Silage wird der Strom ausgeschaltet, die Verbindungsschnüren werden abgetrennt und die Kocher aus dem Futter herausgeschraubt. Alsdann muß das Futter möglichst festgetreten bzw. zusammengepreßt werden. Süßpreßsilos, welche für das Konservierungsverfahren mit den Futterkochern verwendet werden, gewähren den Vorteil, daß das Pressen des Futterstockes mittels mechanischer Vorrichtungen in einfacher und gründlicher Weise besorgt werden kann. Ist das Einstampfen bzw. Pressen geschehen, so wird entweder eine weitere Futterschicht aufgebracht und diese in gleicher Weise siliert oder es wird, wenn der Behälter gefüllt ist, die Abdeckung des Futters vorgenommen. Es empfiehlt sich, die Abdeckung in der Weise auszuführen, daß zunächst eine Schicht aus feinem Kaff von etwa 5 cm Stärke und darauf eine Schicht aus trockenem Lehm von 30—50 cm Stärke aufgelegt und festgetreten bzw. festgepreßt wird.

D. Anwendung der Futterkocher ohne Futterstrom.

Im Frühjahr 1923 wurden in der Provinz Sachsen 22 Futterkonservierungsanlagen in landwirtschaftlichen Betrieben eingerichtet, um das neue Verfahren mit Futterkochern ohne Futterstrom praktisch auf seine Brauchbarkeit hin zu erproben. In Tabelle 7 sind die Daten aus neun Anlagen, deren Ergebnisse vollständig vorliegen, wiedergegeben. Selbstverständlich ist, daß die Beurteilung eines solchen Verfahrens nicht in erster Linie von dem technischen Arbeitsvorgang bei der Konservierung, sondern vielmehr von dem Verlaufe des Gärungsprozesses und vor allem von dem Gärungsprodukt nach längerer Aufbewahrung des Futters abhängt. Abgesehen von einigen technischen Unvollkommenheiten in der Fabrikation des Futterkochers, welche bald behoben waren, verlief die Konservierung bei allen Versuchen in technischer Hinsicht glatt. Aus den Eintragungen der Tabelle ergibt sich folgendes: In zwei Anlagen standen je 2, in allen übrigen je 1 Behälter, insgesamt also 11 Behälter zur Verfügung. Hierunter befanden sich 6 viereckige Kastensilos, 1 runder Turmsilo und 4 ausgemauerte Gruben. Die Konservierungsversuche wurden in der Zeit von Mai bis Mitte Juli vorgenommen und es kam das in dieser Zeit anfallende Futter: Luzerne, Klee, Gras und Gemenge zur Verwendung. Die Witterung war bis zum Juli ununterbrochen sehr niederschlagsreich, so daß das Futter fast ausnahmslos naß in die Behälter gelangte; das Futter selbst wurde im allgemeinen in frischem, saftreichem Zustande geerntet. Insgesamt kamen zur Konservierung 3560 Ztr. Futter. Die Anfangstemperaturen betrugen 11—20° C, im Durchschnitt 14° C; die Konservierung jeder Schicht (etwa 2 m Höhe) dauerte je nach Pflanzenbeschaffenheit und Anfangstemperatur 10 bis 20 Stunden, wobei für je 1 qm Futteroberfläche nur 1 Futterkocher benutzt und eine einmalige Umsteckung während der Konservierung vorgenommen wurde. Die aufgewandten elektrischen Leistungen ergaben sich ohne weiteres aus der Zahl der benutzten Futterkocher (400 Watt für einen Futterkocher); sie betrugen im niedrigsten Falle bei 4 Futterkochern 1,6 kW und im höchsten Falle bei 15 Futterkochern 6 kW. Die Zählerablesungen ergaben einen Stromverbrauch von 0,65 bis zu 1,3 kWh und im Durchschnitt 0,8 kWh je Zentner Futter. In Anlage C

Anwendung der Futterkocher ohne Futterstrom. 59

wurde Gleichstrom von 110 Volt Spannung, in allen übrigen Anlagen Drehstrom von 210 Volt Phasenspannung mit Nulleiter benutzt, und zwar wurden die Futterkocher hierbei zwischen Phase und Nulleiter (120 Volt) geschaltet.

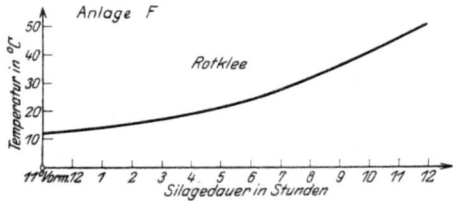

Abb. 32. Temperaturkurve aus einer einschichtigen Silage mit elektrischen Futterkochern ohne Futterstrom.

In Abb. 32 ist eine Temperaturkurve für die Beheizung einer Futterschicht in Anlage F wiedergegeben; sie zeigt die aus dem vorigen Teile schon bekannte ansteigende Form einer Exponentiallinie. In diesem Falle wurde die Schicht im Verlaufe von 13 Stunden von 12° C auf 50° C erwärmt.

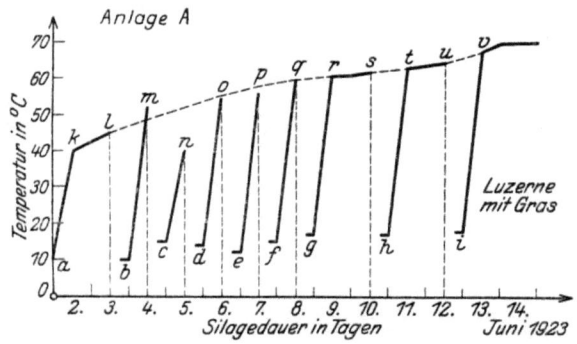

Abb. 33. Temperaturkurve aus einer neunschichtigen Silage mit elektrischen Futterkochern ohne Futterstrom.

In Abb. 33 sind die Temperaturkurven für eine Silage mit 9 Futterschichten (Anlage A) dargestellt. Abgesehen vom 3., 10. und 12. Juni, wurde täglich Schicht für Schicht nachgefüllt. Die Beheizungen begannen an den Punkten a, b, c, d, e, f, g, h, i und waren beendet in den Punkten k, m, n, o, p, q, r, t, v. Aus der Abbildung ist ersichtlich, daß die elektrische Konservierung einer Futterschicht in keinem Falle länger als ½ Tag dauerte, so daß — da die Beheizungen auf die Nächte verlegt wurden — mit der Auffüllung des Behälters täglich weiter fortgeschritten werden konnte. In den Zeiten, welche in den Kurven mit k l, r s und t u bezeichnet sind, war das Futter der betreffenden Schichten ohne Beheizung sich selbst überlassen geblieben. Von Interesse ist noch die gestrichelte Spitzenlinie von k bis v, welche zeigt, wie während der Konservierungsdauer von 12 Tagen die gesamte Temperatur durch Selbsterwärmung angestiegen ist. Nach Füllung wurden die Futterstöcke festgetreten und einheitlich mit Kaff und Erde abgedeckt. Die Aufbewahrungszeiten des Futters in den verschiedenen Anlagen schwankten zwischen 14 und 110 Tagen.

Was nun das Silageprodukt nach Öffnung der Behälter anbetrifft, so entsprach dasselbe im allgemeinen den Kriterien eines gelungenen Süßfutters. Die Aufnahme, welche das Futter bei den Tieren fand, war verschieden, in den meisten Fällen aber zufriedenstellend.

Die zahlreich angefertigten Säureanalysen von Futterproben zeigten kein einheitliches Bild; neben guten Ergebnissen waren Proben mit Essigsäure in unzulässiger Menge und auch mit Buttersäure vorhanden. Dies Ergebnis war insofern auffallend, als die Gärungsprozesse während der Konservierungen in allen Anlagen einwandfrei verlaufen waren und das Futter bei Beendigung der Silagen nach der Sinnenprüfung ausgesprochenen Süßfuttercharakter hatte.

Es lag hiernach die Vermutung nahe, daß sich die schädlichen Säuren erst nach der Konservierung während der Aufbewahrungszeit entwickelt hatten und daß die starke Nässe des Futters schuld an diesen Nachgärungen war. In dieser Vermutung wurde man durch folgende Erscheinungen bestärkt: Es war beobachtet worden, daß die Feuchtigkeit der Futtermassen während und kurz nach der Konservierung zu Boden sickerte, dann aber infolge der Kapillarwirkung der Pflanzenstoffe wieder allmählich nach oben gesogen wurde. Die Qualität des Futters war nun um so besser, je höher die Proben aus dem Futterstock entnommen wurden; außerdem zeigte das Futter in zwei Fällen, in welchen die Silos zufällig undicht gewesen waren, so daß der Futtersaft ablaufen konnte, in seiner ganzen Ausdehnung von der Oberfläche bis auf den Boden der Behälter eine einwandfreie Qualität.

Es entstand also die Frage, ob man durch Entwässerung der Futtermassen im Silo die schädlichen Nachgärungen verhüten sollte. Die Ansichten der Sachverständigen sind in dieser Hinsicht geteilt. Bis vor kurzer Zeit beanstandete man die Entwässerung hauptsächlich deshalb, weil der Saft Nährstoffe enthält, welche mit seinem Abfluß verlorengehen. Neuerdings hat aber Wiegner[1]) auf Grund von Untersuchungen des ablaufenden Saftes nachgewiesen, daß die damit verbundenen Nährwertverluste in bezug auf die gesamten Nährwerte des silierten Futters so gering sind, daß sie bei der Beurteilung dieser Frage vernachlässigt werden können. In seiner Versuchsanstalt Liebefeld-Bern wurden hierfür folgende Zahlen gefunden: 11 976 kg Futter mit 859 kg Stärkewert und 83,6% Wassergehalt ergaben 484 kg Saft, d. h. rund 4% der frischen Masse. Der Saft enthielt nach chemischer Untersuchung 96% Wasser und nur 4% Trockensubstanz; die Trockensubstanz im Saft wies 53,4% Stärkewerte auf, wobei Eiweißstoffe fast gar nicht vertreten waren. Mit anderen Worten: hatte der abgezogene Saft dem Futter 0,534 . 0,04 . 484 = 10,35 kg Stärkewerte, d. h. 1,2% seines ursprünglichen Stärkewertgehaltes, entzogen. Diese Ergebnisse von Wiegner führten dazu, die folgenden neuen Versuche auszuführen, um den Einfluß der Entwässerung auf das Silageergebnis weiter klarzustellen. Hierbei sollte insbesondere auch nachgeprüft werden, inwieweit die Angaben von Wiegner zutreffen, daß durch Saftaustritt Luft in den Futterstock nachdringen und dadurch unvorteilhafte biologische Umsetzungen eintreten könnten. Eine Nachprüfung des nach Wiegner ebenfalls durch Saftaustritt evtl. bewirkten Verlustes von lebenswichtigen Spaltstücken lag nicht im Rahmen dieser Versuche.

E. Klarstellung der Entwässerungsfrage.

Die hier beschriebenen Versuche wurden noch im Herbst des Jahres 1923 mit Zuckerrübenblättern in den Anlagen C und D ausgeführt.

---

[1]) Wiegner, Georg, Prof. Dr.: „Die Verluste bei der Konservierung des Grases als Dürrfutter, Süßgrünfutter und Elektrofutter", Mitteilung aus dem agrikulturchemischen Laboratorium der Eidg. Technischen Hochschule Zürich, 1923.

1. Versuche mit und ohne Entwässerung in Anlage C.

In der Anlage C wurden zwei Silos von den Abmessungen, welche sich aus Tabelle 7 für diese Anlage ergeben, zu den Versuchen benutzt. Der Behälter I erhielt zur Entwässerung einen hohlen Boden, welcher in der Weise hergestellt wurde, daß Ziegelsteine auf den zementierten Boden aufgestellt und darüber Bretter mit schmalen Zwischenräumen aufgelegt wurden, so daß der Futtersaft nach unten durchlaufen konnte; außerdem wurde die Außenwand dieses Silos dicht über dem Boden mit einer Abflußöffnung nach außen versehen. Der Silo II erhielt keinen hohlen Boden und blieb wasserdicht verschlossen. Beide Behälter wurden unter möglichst gleichen Verhältnissen mit ungehäckselten Zuckerrübenblättern, welche wenig naß waren, bis über den Rand einmal gefüllt und alsdann mit Futterkochern ohne Futterstrom gleichmäßig behandelt. Jeder Behälter enthielt ein Futterquantum von 40 Ztr. Bemerkt sei, daß die Beheizung in diesem Falle nur in den Zeiten zwischen 7 Uhr vorm. bis 4 Uhr nachm. vorgenommen werden konnte, weil die eigene elektrische Kraftstation dieser Anlage außerhalb der genannten Zeiten nur Strom für Beleuchtung zur Verfügung hatte. Die Stromart war Gleichstrom mit 110 Volt. Es wurden für jeden Behälter 6 Futterkocher (2,4 kW) benutzt, welche während der Konservierung einmal umgesteckt wurden. Das Futter wurde in Silo I mit Entwässerung in rund 14 Heizstunden, in Silo II ohne Entwässerung in rund 18 Heizstunden von 18^0 C auf 50^0 C erwärmt. Die Verschiedenheit der Erwärmungsdauer ergibt sich zum Teil daraus, daß in Silo II die gesamte Flüssigkeit mit erwärmt werden mußte, was bei Silo I nicht der Fall war. Der Stromverbrauch betrug für Silo I 0,85 kWh, für Silo II 1,1 kWh pro Zentner. Nach der Konservierung wurde das Futter in beiden Silos festgetreten und mit Kaff und Erde dicht abgedeckt. Die Feststellung der abfließenden Saftmenge aus Behälter I lieferte ungefähr das gleiche Ergebnis wie bei den Wiegnerschen Versuchen, und zwar 5 % der frischen Masse.

Beide Silos wurden 77 Tage nach beendeter Konservierung gleichzeitig geöffnet. Das Ergebnis der Säureanalysen von verschiedenen Futterproben aus beiden Behältern kommt in nachstehenden Durchschnittswerten zum Ausdruck:

Tabelle 8. Analysen aus Vergleichsversuchen in Anlage C.

Zuckerrübenblätter mit Köpfen	Gesamt-säure %	Milch-säure frei %	Essigsäure		Buttersäure	
			frei %	geb. %	frei %	geb. %
Silo I mit Futterkochern und Entwässerung	1,168	0,518	0,378	0,272	—	—
Silo II mit Futterkochern ohne Entwässerung	1,261	0,100	0,444	0,212	0,505	—

Die chemischen Befunde der Tabelle zeigen, daß es möglich ist, durch Entwässerung bei der elektrischen Konservierung mit Futterkochern schädliche Nachgärungen im Futterstock zu verhüten. Eine schädliche Wirkung (nach Wiegner) durch Eindringen von Luft an Stelle des abgeflossenen Saftes war weder bei diesen Versuchen noch auch bei dem im folgenden Abschnitt behandelten Versuch festzustellen. Man darf auf Grund von Beobachtungen annehmen, daß der Saftabfluß hauptsächlich erst durch Pressen der Futtermassen infolge des im Silo auftretenden hohen Druckes herbeigeführt wird und daß infolgedessen hiermit keine Luftansammlungen im Futter, sondern eine dichtere Lagerung der Futterpflanzen verbunden ist.

2. Versuche mit Entwässerung in Anlage D.

Hatte der vorige Versuch den Beweis erbracht, daß schädliche Nachgärungen bei der elektrischen Konservierung durch Entwässerung des Futters sich verhindern lassen, so sollte durch weitere Versuche in Anlage D ermittelt werden, ob eine Entwässerung ohne Behandlung des Futters mit Futterkochern allein schon zum Ziele führt.

Von den in Tabelle 7 aufgeführten Silos der Anlage D wurde ein Behälter in gleicher Weise mit einer Entwässerungseinrichtung versehen, wie für Silo I in Anlage C vorher beschrieben ist. Der Behälter wurde dann in mehreren Schichten mit ungehäckselten Zuckerrübenblättern gefüllt und schichtenweise mit 9 Futterkochern (3,6 kW) beheizt. Der Silo enthielt nach völliger Beschickung 250 Ztr. Futter. Der Stromverbrauch betrug pro

Zentner Futter 0,87 kWh. Gleichzeitig wurde Futter von demselben Material in einer gewöhnlichen ungemauerten Erdgrube, welche guten Wasserabfluß zur Erde hatte, eingemietet. Das Futter in Silo und Grube blieb 59 Tage lang unberührt. Die bei der Verfütterung des Futters vorgenommenen Untersuchungen von Futterproben beider Sorten ergaben folgende Säureanalysen:

Tabelle 9. Analysen aus Vergleichsversuchen in Anlage D.

Zuckerrübenblätter mit Köpfen	Gesamt-säure %	Milch-säure frei %	Essigsäure frei %	Essigsäure geb. %	Buttersäure frei %	Buttersäure geb. %
Silo mit Futterkochern und mit Entwässerung	1,409	0,651	0,483	0,275	—	—
Grube mit Entwässerung ohne Futterkocher	2,227	0,360	0,703	0,445	0,072	0,647

Aus den Versuchsergebnissen ist zu ersehen, daß die Entwässerung allein nicht genügt, um die Entwicklung von Buttersäure zu verhindern, sondern daß der Erfolg erst erreicht wird, wenn die Entwässerung in Verbindung mit der Anwendung von elektrischen Futterkochern benutzt wird.

F. Ergebnisse.

1. Die elektrische Futterkonservierung nach dem System Schweizer läßt sich technisch so verbessern, daß die dem Verfahren noch anhaftenden Mängel beseitigt werden; es ist zu erreichen,

daß für die Anwendung der Elektrizität zur Herstellung von Süßfutter jeder beliebige Behälter (Grube, Gärkammer, Silo u. dgl.) benutzt werden kann,

daß die elektrische Isolation der Wände fortfällt,

daß sich der für den Silageprozeß benötigte elektrische Strom unabhängig von der Leitfähigkeit des Futters regulieren läßt und während der Konservierung konstant bleibt, daß die aufzuwendende elektrische Leistung bei der elektrischen Futterkonservierung in den Grenzen der Leistungsfähigkeit der Transformatorenstationen von Überlandzentralen gehalten werden kann,

daß in Überlandzentralen die drei Phasen des Drehstroms in einem Behälter gleichmäßig belastet Verwendung finden,

daß auf das Zerkleinern der Pflanzen für die Konservierung verzichtet werden kann.

2. Für die Regulierung des Futterwiderstandes bietet die Erwärmung des Futters infolge der damit zusammenhängenden Beseitigung der Wachsschichten auf den Pflanzenoberflächen das wirksamste Mittel; die Zerkleinerung des Futters, der Zusatz von Wasser oder Kochsalzlösung und die Beimengung von Strohhäcksel können nur als unvollkommene bzw. sogar schädliche Notbehelfe angesehen werden.

3. Von den durch Versuche ermittelten Verbesserungen der elektrischen Futterkonservierung: Anwendung von isolierten Stäben mit aufgesetzten Metallringen (Ringdornen) oder Anwendung von Schraubenelektroden oder Anwendung von Futterkochern mit und ohne Futterstrom bietet das Verfahren mit elektrischen Futterkochern ohne Futterstrom die meisten praktischen Vorteile.

4. Gärungsprodukte von elektrisch konservierten Futterpflanzen ohne Futterstrom wiesen nach Farbe, Geruch, Struktur sowie Geschmack für die Tiere keinen Unterschied gegenüber den mit Futterstrom gebildeten Erzeugnissen auf. Diese Versuche können als Bestätigung der bakteriologischen Forschungsergebnisse von Scheunert angesehen werden, nach welchen die Einwirkung der Elektrizität auf das Leben der Bakterien in erster Linie der von dem Strom erzeugten Wärme zuzuschreiben ist.

5. Die Ergebnisse aus neun praktischen Versuchsanlagen weisen darauf hin, daß Nässe und starker Wassergehalt der Pflanzen auch bei gelungenem Konservierungsprozeß ungünstige Nachgärungen während der Aufbewahrung des Futters erzeugen können. Da nach neueren Forschungen dem Saftabfluß bei einer Entwässerung des Futterstockes nur ein unbedeutender Nährwertgehalt zuzuschreiben ist, kann die Entwässerung des Futters bei der Einsäuerung als ein Mittel zur Verbesserung des Silageproduktes in Frage kommen.

6. In dem mit elektrischen Futterkochern behandelten Futter konnte sich bei durchgeführter Entwässerung Buttersäure nicht oder nur in Spuren entwickeln, während das mit Futterkochern ohne Entwässerung behandelte Futter mehr Buttersäure aufwies.

7. Die Entwässerung eines Futterstocks allein vermag die Entwicklung von Buttersäure nicht zu verhüten; deshalb muß die Behandlung des Futters mit Futterkochern neben der Entwässerung beibehalten werden, um dieses günstige Ergebnis zu erzielen.

8. Die Konstruktion der Futterkocher ist so eingerichtet, daß dieselben sowohl mit Futterstrom als auch ohne Futterstrom Verwendung finden können; sollten die weiteren Forschungen ergeben, daß der Futterstrom das Silageergebnis noch durch andere als indirekte Wärmewirkung auf die Bakterienflora günstig zu beeinflussen vermag, so können die Futterkocher mit Einschaltung der Futterstromleitung ohne weiteres für diesen Zweck benutzt werden.

Anhang.

Tabelle 1. Futterkonservierungstafel.

A. Konserve: Trocken.
  I. Verwendung von natürlicher Wärme
    = Dürrheuwerbung.
  II. Verwendung von durch Gärung hervorgerufener Wärme
    = Brennheubereitung und
    = Braunheubereitung.
  III. Verwendung von künstlicher Wärme
    = künstliche Trocknung.

B. Konserve: Saftig.
  I. Säuregehalt: vorwiegend Essig- und Buttersäure
    = Sauerfutterbereitung.
  II. Säuregehalt: vorwiegend Milchsäure
    = Süßfutterbereitung
      a) Süßpreßverfahren
      b) Voeltzsches Reinkulturverfahren
      c) Elektrisches Verfahren.

Tabelle 2. Einteilung der organischen Säuren.

Organische Säuren.

Nichtflüchtige frei oder gebunden	Flüchtige frei oder gebunden

Milchsäure
  in gut gesäuerter Milch vorhanden;
  nicht riechend;
  milchsaures Futter riecht meist leicht fruchtartig „süßlich";
  Geschmack: säuerlich.
	Essigsäure
	  Essigsäuregärung wird zur Essigfabrikation benutzt;
	  scharf ätzend.
	Buttersäure
	  findet sich z. B. in ranzig gewordener Butter;
	  eklig stinkend und ebenso schmeckend (ätzend).

Tabelle 3. Durchschnittsnormen für zulässigen Säuregehalt in Süßfutter.

1. Analysenergebnis		zulässig
Milchsäure	1—1,5%	des Gesamtfutterstoffs
Essigsäure	0,4—0,5%	,, ,,
Buttersäure	0%	
2. Analysenergebnis		
Gesamtsäure	bis zu 2%	des Gesamtfutterstoffs
Milchsäure	50—75%	der Gesamtsäure
Essigsäure	25—30%	,, ,,
Buttersäure	0%	

Tabelle 4. Kardinalpunkte in der Entwicklung von Essig-, Butter- und Milchsäurebakterien.

	Minimum °C	Optimum °C	Maximum °C
Essigsäurebakterien	10	20—25	35—40
Buttersäurebakterien	20	35—40	50
Milchsäurebakterien	5	45—50	60—70

Tabelle 5. Bakteriologische Untersuchungsergebnisse von Elektrofutter.

	Keimzahlen in 1 g Futter	
	Rübenblätter	Serradella
im Ausgangsmaterial	80 000 000	160 000 000
nach Einschaltung des Stromes:		
bei 26° C Erwärmung	180 000 000	740 000 000
bei 40° C ,,	—	190 000 000
bei 50—55° C Erwärmung am Ende der Konservierung	26 000	160 000 000
bei Wiederöffnung des Silos zwecks Fütterung	15 000	fast steril

Tabelle 6. **Berechnung des spezifischen Widerstandes von Roggen-Wickengemenge.**

Futterfläche: $2{,}2 \cdot 2{,}2 = 4{,}84 \text{ m}^2 = 4{,}84 \cdot 10^6 \text{ mm}^2$
Schichthöhe $= 1{,}5$ m

Spez. Widerstand $= Q = R \cdot \dfrac{F}{l} = \dfrac{E}{J} \cdot \dfrac{4{,}84 \cdot 10^6}{1{,}5}$ Ohm $\cdot \dfrac{\text{mm}^2}{\text{m}}$.

Konservierungszeit in Stunden	Spannung in Volt	Stromstärke in Amp.	Temperatur in °C	spez. Widerstand in Ohm $\cdot \dfrac{\text{mm}^2}{\text{m}}$
0	126	4	24	$102 \cdot 10^6$
2	126	4,5	24	$90 \cdot 10^6$
4	126	5,5	25	$74 \cdot 10^6$
6	126	6	26	$68 \cdot 10^6$
8	126	7	27	$58 \cdot 10^6$
10	126	8	28	$51 \cdot 10^6$
12	125	9	28	$45 \cdot 10^6$
14	125	10	29	$40 \cdot 10^6$
16	125	13	30	$31 \cdot 10^6$
18	124	15	32	$27 \cdot 10^6$
20	124	16	35	$25 \cdot 10^6$
22	122	17	38	$23 \cdot 10^6$
24	121	20	41	$20 \cdot 10^6$
26	122	21	46	$19 \cdot 10^6$
28	123	22	48	$18 \cdot 10^6$
30	123	23	50	$17 \cdot 10^6$

Im Vergleich dazu Kupfer: spez. Widerstand $= 0{,}0175$ Ohm $\cdot \dfrac{\text{mm}^2}{\text{m}}$.

Tabelle 7.

aus 9 praktischen Versuchsanlagen mit Anwendung elek

1.	2.	3.		4.	5.	6.	7.	8.
Anlage	Behälterart	Dimensionen		Futter		Menge Ztr.	Kons. Zeit	
		Gdfl. m²	Höhe m	Sorte	Beschaffenheit		von	bis
A.	Kastensilo im Futterraum	12	3,5	Luzerne mit Gras	meist naß	425	2. 6.	13. 6
B.	Kastensilo in Scheune	12,5	5,0	Gelbklee Gemenge Gras	naß, hart in Blüte naß, halbgewachsen feucht, reif	510 340 130	13. 6. 21. 6. 26. 6.	20. 6 25. 6 28. 6
					Sa.	980		
C.	Kastensilo im Stall	4,0	2,0	Gras	feucht, alt	45	11. 6.	14. 6
D.	Kastensilo in Scheune I . . . II . . .	8,0 8,0	3,0 3,0	Luzerne Luzerne	feucht, hart feucht, hart	340 370	15. 6. 15. 6.	23. 6 23. 6
					Sa.	710		
E.	Alte gemauerte Grube mit Überdachung. . . .	10,0	3,0	Luzerne	sehr naß	210	13. 6.	19. 6
F.	Turmsilo im Freien	4,0	3,7	Rotklee	naß, in Blüte	325	13. 6.	23. 6
G.	Kastensilo im Futterraum	4,0	2,0	Luzerne mit Gras	feucht, saftig	90	13. 6.	17. 6
H.	Alte gemauerte Gruben in Scheune I . . . II . . .	5,6 17,5	2,8 2,8	Luzerne Luzerne	meist naß meist naß	225 480	22. 5. 22. 5.	29. 5 7. 6
J.	Gemauerte Grube im Freien . . .	4,0	2,0	Gras	trocken	70	19. 7.	21. 7
					Sa.	3560	Durchschn.	

Ergebnisse
trischer Futterkocher ohne Futterstrom im Jahre 1923.

9.	10.	11.	12.	13.	14.	15.	16.
Ausgangstemperatur °C	Futterkocherzahl	Beheizung Stunden	kWh je Ztr.	Silos geöffnet am	Aufbewahrungstage	Verfüttert an	Von den Tieren aufgenommen
14	12	135	1,22	15. 9.	94	Milchkühe	gern
13	15	137	1,23	16. 7.	20	Kühe u. Ochsen	gern zaghaft gern
19	6	13	0,80	15. 9.	93	Milchkühe	obere Schichten gern, untere Schichten zaghaft
11 11	9 9	197	0,72	25. 9.	95	Rindvieh	gern
13	6	105	1,22	5. 7.	16	Kühe / Schweine	gern / wenig
12	4	95	0,65	23. 7.	30	Schweine und Rinder	zögernd
11	4	51	0,90	23. 7.	36	Milchkühe	gern
14	6	123	1,30	13. 6.	14	Rindvieh	gern
14	12	122	1,20	24. 7.	47	Schweine	mit Melassezusatz gern
20	4	27	0,81	8. 11.	110	Kühe	gern
14		Durchschn. 1,00					

Tabelle 8. Analysen aus Vergleichsversuchen in Anlage C.

Zuckerrübenblätter mit Köpfen	Gesamtsäure %	Milchsäure frei %	Essigsäure frei %	Essigsäure geb. %	Buttersäure frei %	Buttersäure geb. %
Silo I mit Futterkochern und Entwässerung	1,168	0,518	0,378	0,272	—	—
Silo II mit Futterkochern ohne Entwässerung	1,261	0,100	0,444	0,212	0,505	—

Tabelle 9. Analysen aus Vergleichsversuchen in Anlage D.

Zuckerrübenblätter mit Köpfen	Gesamtsäure %	Milchsäure frei %	Essigsäure frei %	Essigsäure geb. %	Buttersäure frei %	Buttersäure geb. %
Silo mit Futterkochern und mit Entwässerung	1,409	0,651	0,483	0,275	—	—
Grube mit Entwässerung ohne Futterkocher	2,227	0,360	0,703	0,445	0,072	0,647

Tabelle 10. Erntezeiten und Erträge von Grünfutterpflanzen.

Grünfutterpflanzen	Erntezeit	Ertrag je preuß. Morgen in Ztr.	Bemerkungen für die Silage
Luzerne	1. Schnitt: Anfang Mai 2. Schnitt: Sommer	durchschn. 100	stengelreich, zartblättrig; vor Eintritt der Blüte ernten
Johannisroggen	Mitte Mai	25—30	sperrig

Grünfutter-pflanzen	Erntezeit	Ertrag je preuß. Morgen in Ztr.	Bemerkungen für die Silage
Zottelwicke	Mitte Mai	120—300	mit Johannisroggen od. Weizen anbauen, blätterreich
Rotklee	1. Schnitt: Mitte Mai 2. Schnitt: Sommer 3. Schnitt: Frühherbst	durchschn. 100	zartblättrig; ganz jung bei 30—40 cm Höhe ernten
Wiesengras (zweischürige Wiesen)	1. Schnitt: Pfingsten 2. Schnitt (Grummet): Sommer	75—100	
Esparsette	Ende Mai bis Anfang Juni	50—200 je nach Boden	hochstenglig; feinblättrig; Ernte, wenn Mehrzahl der Pflanzen die Blüten der Ährenmitte voll geöffnet haben
Mischfutter, bestehend aus: Wickhafer, Gerste, Erbsen, Pferdebohnen, Buchweizen, in warmer Gegend noch Mais	Anfang Juni bis Spätherbst	40—100 je nach Boden	sehr wertvolles Futter
Serradella (Klauenschote)	1. Schnitt: Ende Juli 2. Schnitt: Septbr.	45—200	stengelreich; zartblättrig; jung ernten
Comfrey (Beinwell)	Sommer	200—300	grobstenglig, sehr sperrig; Schweinefutter
Grünmais	Ende September bis Anfang Oktober	125—250	dickstenglig, sehr sperrig, saftreich
Zuckerrübenblätter mit Köpfen (Kappen, Blade)	Herbst	100—130	sperrig, sehr wertvolles saftreiches Futter.

Tabelle 11. Bestandteile des Futters.

Wasser.

Trockensubstanz.

A. Organische Substanzen.
  I. Stickstoffhaltige (= N h) Stoffe.
     a) Eiweiß- oder Proteinstoffe, wie:
        Albumine,
        Globuline,
        Fibrine,
        Nukleoalbumine,
        Proteide,
        Albuminoide,
        Fermente und Enzyme.
     b) Stoffe nichteiweißartiger Natur.
  II. Stickstoffreie (= N fr) Stoffe.
     a) Fette und Öle,
     b) Holz- oder Rohfaser als
        Zellulose,
     c) Extraktstoffe.
        1. Kohlehydrate (besonders vertreten durch Zucker und Stärkemehl).
        2. Pentosane.
        3. Inkrustierende Substanzen (Lignin, Kutin).
        4. Organische Säuren, wie:
           Apfelsäure,   Essigsäure,
           Zitronensäure,   Buttersäure,
           Weinsäure,   Milchsäure.
           Oxalsäure,

B. Mineralstoffe, wie:
   Kali,   Manganverbindungen,
   Natron,   Phosphorsäure,
   Kalk,   Schwefelsäure,
   Magnesia,   Kieselsäure,
   Eisenoxyd,   Chlor.
   Tonerde,

Tabelle 12. Ernährungszweck der Futterbestandteile.

Zweck der Ernährung	Nährstoffe
Stoff- und Kraftwechsel Lösung und Transport der Nährstoffe.	Sauerstoffreiche Luft Wasser
Bildung von Blut, Fleisch, Milch Wolle, usw. Erzeugung von Muskelkraft.	Trockensubstanz. A. Organische Substanz. I. Stickstoffhaltige (= N h) Stoffe entweder — oder a) Eiweiß- oder Proteinstoffe — a) Verdauliches Rohprotein. b) Nichteiweißstoffe — b) Amide (leicht verdauliche nichteiweißartige N-Verbindungen) und organische Basen. c) Verdauliches Eiweiß = a—b.
Erzeugung von Fett, Wärme.	II. Stickstofffreie (= N fr) Stoffe. a) Fette und Öle, b) Holz- oder Rohfaser, c) Extraktstoffe.
Aufbau des Skeletts, Blut- und Milchbildung usw.	B. Mineralstoffe.

Literatur.

Albert, Friedrich, Prof. Dr.: „Die Konservierung der Futterpflanzen nach verschiedenen Methoden", Berlin 1903.
Aurich, Richard: „Der Herba-Reform-Silo und die Grünpreßfutterbereitung", Dresden 1923.
Behrens, J., Prof. Dr.: „Handbuch der Technischen Mykologie", I. Bd.: „Allgemeine Morphologie und Physiologie der Gärungsorganismen", Jena 1904—1907.
Elektrofutter-Gesellschaft m. b. H., Dresden-A.: „Frischhaltung von Grün- und Saftfutter aller Art durch Elektrizität".
Farny, Oscar: „Einfluß von Silagefutter auf Viehhaltung und Käsefabrikation", Deutsche Landw. Presse 1923, Nr. 9.
Fingerling, G., Prof. Dr., Direktor: „Der gegenwärtige Stand der Einsäuerungsfrage", Mitteilungen der Deutschen Landwirtschafts-Gesellschaft, Berlin 1922, Stück 20.
Floess, R., Dr.: „Erfahrungen mit dem in ‚Herba-Silos' gewonnenen Süßpreßfutter in Oldenburg im Jahre 1920/21", Mitteilungen der Deutschen Landwirtschafts-Gesellschaft, Berlin 1921, Stück 51.
Gerlach, Prof. Dr., und Küntzel, Baumeister: „Über die Aufbewahrung der grünen, wasserreichen Futterpflanzen und der wasserhaltigen Abfallprodukte landwirtschaftlicher Nebengewerbe", Mitteilungen der Deutschen Landwirtschafts-Gesellschaft, Berlin 1922, Stück 42.
Grams, W.: „Reingewinn aus Elektrofutteranlagen, Reinerträge, Wirtschaftlichkeitsberechnungen und Anbauerfahrungen aus dreijährigem Betriebe", Köslin 1923.
Haselhoff, E., Prof. Dr.: „Der Säuregehalt der Einmachfutter", Fühlings Landwirtschaftliche Zeitung, Stuttgart 1922, Heft 7/8.
Henkel, Th., Prof. Dr.: „Die Erhaltung von Saftfutter in Futtertürmen", Landwirtschaftliches Jahrbuch für Bayern, 1918, Heft 2.
Derselbe: „Erfahrungen mit Silos", Landwirtschaftliches Jahrbuch für Bayern 1922, Heft 5/6.
Derselbe: „Die Konservierung von Grünfutter in Silos", Münchner Neueste Nachrichten 1923, Nr. 108.
Hoffmann, Martin, Prof. Dr.: „Futterfibel", Berlin 1920.

Honcamp, H., Prof. Dr.: „Beschaffung und Konservierung eiweißreicher Futterstoffe durch Düngung und Silage", Illustrierte Landwirtschaftliche Zeitung, Berlin 1922, Nr. 69/70.

Industrie für Landwirtschaft G. m. b. H., München: „Ifla-Futterturm", Deutsche Landwirtschaftliche Presse, Berlin 1921, Nr. 102.

Kellner, Otto, Geh. Hofrat und Prof. Dr.: „Die Ernährung der landwirtschaftlichen Nutztiere, Lehrbuch auf der Grundlage physiologischer Forschung und praktischer Erfahrung", herausgegeben von Prof. Dr. G. Fingerling, Berlin 1920.

Kinzel, W., Reg.-Rat, Prof., und Kuchler, L., Assessor: „Die Silofrage mit besonderer Berücksichtigung der Elektrosilos im Lichte neuer Forschung", Praktische Blätter der Bayr. Landesanstalt für Pflanzenbau und Pflanzenschutz 1923, Heft 6/7.

Kluge, Rittergutsbesitzer, und Reich, Direktor: „Praktischer Ratgeber zur Saftfutterbereitung in den deutschen Futtertürmen", Königsberg 1922.

Kraft, Guido, Dr.: „Die Pflanzenbaulehre", Berlin 1920.

Lafar, Franz, Prof. Dr.: „Handbuch der Technischen Mykologie", I. Bd.: „Allgemeine Morphologie und Physiologie der Gärungsorganismen", Jena 1904—1907.

Miehe, Hugo, Prof. Dr.: „Über die Selbsterhitzung des Heues", Berlin 1911.

Omelianski, W., Dr.: „Handbuch der Technischen Mykologie", I. Bd.: „Allgemeine Morphologie und Physiologie der Gärungsorganismen", Jena 1904—1907.

Osten, Hermann: „Transportanlagen für Elektrofutterkonservierung", Elektro-Journal April 1922.

Derselbe, „Elektrofutter", Charlottenburg 1923.

Derselbe, „Bericht über Elektrofutteranlagen", Berlin 1923.

Pfister: „Betrachtungen über Silobaufragen", Elektro-Journal 1923.

Richter, J., Dr.: „Die Grünfutterkonservierung im Silo und der elektrische Strom", Deutsche Landwirtschaftliche Presse 1922, Nr. 95/96.

Scheunert, A., Prof. Dr., und Schieblich, Dr. M.: „Über die bei der elektrischen Futterkonservierung ablaufenden Vorgänge", Illustrierte Landwirtschaftliche Zeitung, Berlin 1923, Nr. 8.

Schirneker, Dr.: „Elektrizität zur Konservierung von Grünfutter", Technik in der Landwirtschaft 1923, Heft 6.

Schweizer, Theodor, Dipl.-Landw.: „Die Futterkonservierung, ihr heutiger Stand unter besonderer Berücksichtigung der Haltbarmachung von saftigen Futtermitteln mit elektrischem Strom", 1921.

Schweizer, F. A.: „Die Verwendung der Elektrizität zur Konservierung frischer saftiger Viehfuttermittel", Elektro-Journal April 1922.

Stutzer, A., Dr.: „Futtersilos und Silagefutter bereitet in Türmen, Gruben und Kasten", Berlin 1920.

Vereinigung der Elektrizitätswerke: „Die Bedeutung der elektrischen Futterkonservierung", Berlin 1923.

Völtz, Wilhelm, Prof. Dr.: „Die neuen Methoden der Konservierung saftreicher Futterstoffe und ihre Bedeutung für die landwirtschaftliche Praxis", Fühlings Landwirtschaftliche Zeitung, Stuttgart 1922, Heft 9/10.

Wallem, Dr.: „Die elektrische Konservierung von Grünfutter", Mitteilungen der Vereinigung der Elektrizitätswerke e. V., Berlin 1921, Nr. 292.

v. Wenckstern, H., Ministerialrat, Prof. Dr.: „Die in Sachsen mit Silofutter gemachten Erfahrungen auf Grund einer von der Ökonomischen Gesellschaft in Sachsen veranstalteten Erhebung", Vortrag gehalten in der Ökonomischen Gesellschaft Sachsen am 10. Februar 1922 in Dresden.

Wiegner, Georg, Prof. Dr.: „Die Bestimmungen flüchtiger Säuren", Mitteilungen aus dem Gebiet der Lebensmitteluntersuchung und Hygiene, Bern 1919, Heft 3/4.

Derselbe: „Untersuchungen über Futterkonservierung", Mitteilung aus dem agr.-chem. Laboratorium der Eidg. Technischen Hochschule, enthalten in: „Die landwirtschaftlichen Versuchsstationen", Berlin 1923.

Derselbe: „Die Verluste bei der Konservierung des Grases als Dürrfutter, Süßgrünfutter und Elektrofutter", Mitteilung aus dem agr.-chem. Laboratorium der Eidg. Technischen Hochschule, Bern 1923.

Zentralverwaltung der schweiz. landw. Versuchs- und Untersuchungsanstalten, Liebefeld-Bern: „Die Konservierung von Grünfutter mit elektrischem Strom", vorläufiger Bericht vom 4. 4. 1922.

Dieselbe: „Zur Grünfutterkonservierung mit elektrischem Strom", Bericht vom 15. 12. 1922.

MIX
Papier aus verantwortungsvollen Quellen
Paper from responsible sources
FSC® C105338

If you have any concerns about our products,
you can contact us on
ProductSafety@springernature.com

In case Publisher is established outside the EU,
the EU authorized representative is:
**Springer Nature Customer Service Center GmbH
Europaplatz 3, 69115 Heidelberg, Germany**

Printed by Libri Plureos GmbH
in Hamburg, Germany